클레로의
기하학원론

Éléments de
géométrie

클레로의 기하학원론

초판발행	2023년 10월 31일

저 자	장혜원
펴낸곳	지오북스
등 록	2016년 3월 7일 제395-2016-000014호
전 화	02)381-0706 / 팩스 02)371-0706
이메일	emotion-books@naver.com
홈페이지	www.geobooks.co.kr
ISBN	979-11-91346-73-2

값 17,000원

이 책은 저작권법으로 보호받는 저작물입니다.
이 책의 내용을 전부 또는 일부를 무단으로 전재하거나 복제할 수 없습니다.
파본이나 잘못된 책은 바꿔드립니다.

목차

역자 머리말   2

저자 소개   5

저자 머리말   8

Chapter 1
토지를 측량하기 위해 사용한
가장 자연스러웠던 방법   13

Chapter 2
다각형을 비교하는 기하학적인 방법   83

Chapter 3
원형 도형의 측정과 그 성질   109

Chapter 4
입체와 그 표면을 측정하는 방법   149

역자 머리말

　클레로의 기하학 원론의 출발은 유클리드 원론의 논리-연역적 전개 방식이 초보자에게 부과하는 어려움과 무미건조함에 대한 비판에서 비롯된다. 클레로 이전에도 유클리드의 연역적인 방법에 맞서 분석적 · 발생적 원리에 입각한 대안적 접근이 있어 왔지만, 수학사를 근거로 하여 학습 내용과 활동을 조직하는 역사 발생적 원리를 구현한 최초의 기하 교재라는 점에서 이 책은 수학교육학적으로 의의를 지닌다. 또한 유클리드의 원론에 가해진 수많은 비판에도 불구하고 수학사 및 학교 수학에서 차지하는 유클리드의 위상을 고려할 때 이 책은 수학에 관심 있는 사람들의 지적 호기심을 자극하기에 충분할 것이다.

　이 책의 저자 연혁으로부터 추측할 수 있듯이, 클레로는 이렇듯 의미 있는 책을 저술하기에 충분한 천부적인 능력을 지녔고 그가 책을 저술한 의도는 기존 기하 교재의 전개 방식을 문제시하여 그에 대한 대안을 마련하고자 한 것이었다. 그가 기존 기하 교재에 가한 비판은 크게 두 가지로 볼 수 있다. 하나는 유클리드 기하에 대한 것으로, 유클리드 기하의 논리-연역적인 전개 방법은 무미건조하고 학습자를 질리게 만들기 때문에 배우기 어렵다는 것이다. 다른 하나는 명제를 제시한 후 그 명제의 응용을 다룸으로써 기하의 유용성을 통해 유클리드의 전개 방식을 개선하려는 노력에 대한 것으로, 이 경우 역시 정리가 응용에 선행하므로 정신이 학습의 무미건조함을 참아내는 고통을 겪은 후에야 응용을 통해서 의미를 파악할 수 있으므로 역시 어렵다는 것이다. 이에 대한 대안을 마련하기 위해 클레로는 수학사에서 첫 발견이 이루어진 당시 발견자들 자신이 바로 초보자였다는 사실에 주목하였다. 그들이 경험한 방식대로 토지 측량이라는 필요에 의해 시작하고 점차적으로 형식화한다는 수학의 전개 방식이 훗날의 초보자인 수학 학습자에게도 흥미를 유발시키는 자연스러운 학습 전개라는 것이다. 즉 인간의 정신에 자연스럽도록 한다는 대원칙 하에 학습자를 위한 최선의 수학 학습법을 수학의 역사에서 찾은 것이다.

중학교 수학과 교육과정의 기하 영역에서 증명에 대해 의미 충실한 학습이 이루어지지 않고 암기에 의존하는 교실 현장을 고려하여 연역적 논증 외에 직관에 기초한 다양한 정당화 방법을 추구하는 방향으로 변화가 있었다. 한편으로는 고등학교 선택 교과와 관련하여 기하 교육의 약화를 우려하는 목소리도 크다. 수학에서 기하가 차지하는 중요성 및 위상을 고려할 때 바람직한 기하 교육의 방법에 대한 논의가 필수인 시점에서, 기하를 어려워하는 수학 교실의 초보자들을 생각할 때 클레로의 의도가 그들에게 의미 있고 자연스러운 수학적 전개를 위해 시사하는 바가 있을 것으로 기대한다. 특히 클레로의 대안적 접근이 지닌 '역동성'이 저자의 당시 시대에는 구현되기 어려웠을지 몰라도 역동적 기하 소프트웨어(Dynamic Geometry Software)와 같은 공학 도구의 활용이 활성화된 오늘날의 수학 교실에서는 그 위력을 발휘하기에 부족함이 없을 것으로 생각한다.

이 번역서의 원서는 1741 초판본의 1765년도 개정판을 '과학적 사고의 거장' 전집 중 하나로 Gauthier-Villars et Cle, Editeurs에서 1920년에 재발행한 것으로, 원제는 Elémens de Géométrie이다. 두 권의 책(I권 1, 2부와 II권 3, 4부)으로 되어있고, 본 번역서 역시 두 권의 책에 각각 1, 2장과 3, 4장으로 구성하였다. 1장에서는 토지의 측량 방법, 2장에서는 다각형을 비교하는 기하학적인 방법, 3장에서는 원형 도형의 측정과 성질, 4장에서는 입체의 측정 방법을 다루고 있다. 가능한 원문에 충실하게 번역하였고, 어휘나 단위 등에 있어 오늘날과 다른 시대적 괴리가 있는 부분에 대해서는 각주를 달아 설명하였다. 본 번역서에 담긴 각주는 모두 역자 주에 해당함을 밝힌다.

프랑스어로 저술된 클레로의 기하학 원론을 처음 접한 지 20년이 흘렀고,

첫 번역서가 나온 것도 18년 전의 일이다. 그동안 역자를 비롯한 많은 수학교육자들이 이 책에 흥미를 가졌고, 클레로의 기하 접근에 기초한 기하 교수학습에 대해 꾸준히 연구를 해왔다. 이제 시간이 흘러 책을 더 이상 구할 수 없는 몇몇 동료들의 요청이 있어 이 책을 새롭게 펴내고자 한다. 책의 출판에 대한 적극적인 제안과 함께 편집을 더욱 가독성 있게 구성해주신 지오북스의 김남우 대표님과 편집부 여러분께 감사드린다. 또한 기하책이 지닌 그림의 중요성을 생각할 때 그림 작업에 힘써주신 한국지오지브라연구소의 최경식 선생님과 장윤정 선생님께 깊은 감사를 전한다.

2023. 가을. 장혜원

저자 소개

클레로(Alexis Claude CLAIRAUT)는 1713년 5월 7일 파리에서 태어나서 1765년 5월 17일 그곳에서 죽었다. 그의 아버지 J.B.클레로(Jean-Baptiste Clairaut)는 베를린 아카데미 소속의 뛰어난 수학 대가였고 그 덕택에 꼬마 클레로는 매우 일찍이 수학과 언어 공부를 시작할 수 있었다. 클레로는 경탄하리만큼 천부적이고 조숙하여, 10세의 나이에 이미 병원 후작의 <원추 단면의 해석학적 특성: Traité analytique des sections coniques>을 읽었고, 곧이어 <무한소의 해석학: Analyse des infiniment petits>을 읽었다. 1726년에는 뚜렷한 특성을 지닌 네 개의 곡선에 대한 논문을 과학 아카데미에 제출하였고, 그 논문은 <Miscellanta Bertlonensta IV>에 출판되었다.

클레로는 겨우 16세의 나이에 <이중 곡률의 곡선에 대한 연구: Recherches sur les courbes à double courbure>란 제목의 대논문을 아카데미에 제출하였는데, 아카데미가 심사를 의뢰한 도르투스(Jean-Jaques Dortous de Mairan)와 니콜(François Nicole)은 이 논문을 일등급으로 간주하였다. 재차 심사를 맡은 수학자 프리바(Joseph Privat de Molières)는 이렇게 어린 나이에 이런 논문을 쓸 수 있다는 것을 믿기 어렵다며 최상의 경의를 표하였다. 1731년에 클레로는 왕의 승인 덕분에 아카데미 회원으로 수락되었다. 왜냐하면, 그는 당시 18세에 불과했는데, 아카데미의 법규에는 회원의 나이가 적어도 20세여야 한다는 요구항목이 있었기 때문이다. 1736년에 클레로는 모페르튀(Maupertuis), 카뮈(Camus), 우티르(Outhier), 르모니에(Lemonnier), 셀시우스(Anders Celsius)와 함께 자오선 각도의 길이를 재기 위해 랩랜드로 파견되었다. 그 결과, 카시니(Jacques Cassini)와는 반대로 극지방에서 지구가 편평하다는 것을 입증하였다. 프랑스로 돌아온 그는 모페르튀와 함께 발레리앙산으로 들어가 중요한 연구에 몰두하였다. 1740년에 <천체 운동에 대한 논문집: Recuelt de mémoires sur les mouvements des corps célestes>을, 1741년에 <기하학 원론: Eléments de Géométrie>을, 1743년에 유체의 평형에 대해 논한 <지구 형태론: Théorie de la figure de la terre>을, 1746년에 <대수학 원론: Eléments d'Algèbre>을 집필하였고, 1752년에는 인력의 법칙으로부터 추론된 <달의 이론: Théorie de la lune>을 써서 생페테스부르크 아카데미상을 수상하였다. 또한 1754년에 중력이론에 따라 계산된 <달의 수표: Tables de la lune>를 출간하였다.

클레로는 핼리 혜성의 회귀에 대해, 그것이 지나야하는 이웃에 있는 목성, 토성의 감속 운동을 계산상 고려하여 예측하였다. 혜성의 근일점이 예측한 1759년 4월 초순이 아닌 5월 12일에 발생했기 때문에 예측이 실제보다 며칠 앞서긴 했지만, 결과적으로는 실현되었다. 이 사건으로 그는 전 세계적으로 유명해졌다.

게다가 <혜성의 운동에 관한 이론 및 1531, 1607, 1682, 1759년에 관찰된 혜성에 대한 이 이론의 적용: Théorie du mouvement des comètes avec l'application de cette théorie a la comète qui a été observée dans les années 1531, 1607, 1682, 1759(1760)>과, <지구 둘레의 태양의 가시 궤도에 대한 논문: Mémoire sur l'orbite apparente du soleil autour de la terre(1761)>을 냈다. 이 저서들 이외에 <과학 아카데미 논문집: Mémoires de l'Académie des sciences>과 <지식인의 잡지: Journal des savants>에서 발견되는 해석학, 공학, 광학을 주제로 한 많은 연구도 하였다.

우리가 재인쇄하는 <기하학 원론>(편집자 주: 우리가 재발간한 책은 초판과 동일하지만 표현상의 몇 가지 교정에 의해 구별되는 1765년 판이다.)이 존재할 수 있던 것은 기하의 기본 개념을 획득하려는 샤틀레(Châtelet) 공작의 욕망 덕분이다. 결국 하나의 훌륭한 저서로부터 수학적 문헌이 풍부해졌다. 왜냐하면 클레로는 순수하게 논리적인 기초 위에 기본 기하를 세우려는 헛된 시도를 포기하고 이 주제를 제시하기 위해 습관적으로 사용하는 현학적이고 난해한 수단을 버리면서, 가장 중요한 기하학적 진리를 추론의 완전한 정당함을 갖추고 우아하고 정확한 형태로 전개하기 때문이다. 논리적인 요소와 직관적인 요소를 가장 적절한 방식으로 결합함으로써, 그의 기하학은 기하학이 습관처럼 입고 있던 기이한 특성을 버리고 정신의 자연스런 절차에 잘 따르게 된다.

  또한 우리는 이 <원론>이 가장 간단하고 가장 자연스런 경로에 의해 기하의 진리를 획득하기 원하는 모든 사람에게와 마찬가지로, 초보자에게도 가장 가치 있는 역할을 하리라는 것을 확신한다.

저자 머리말

　기하는 그 자체로 추상적이긴 하지만, 기하 공부에 전념하기 시작하는 사람들이 느끼는 어려움은 매우 종종 보통의 <원론>[1])에서 기하를 가르치는 방식에서 기인하는 것임을 인정하지 않을 수 없다. <원론>에서는 항상 독자에게 무미건조한 것만을 허용하는 듯한 아주 많은 수의 정의, 공리, 공준, 예비적 원리부터 시작한다. 잇따라 나오는 명제들은 정신을 보다 흥미로운 대상에 고정시키지 못하고, 더욱이 이해조차 어렵기 때문에, 초보자들은 의도된 것에 대한 어떠한 뚜렷한 아이디어도 알기 전에 지치고 질리게 되는 것이 보통이다.
　기하 학습에 자연스럽게 부합된 이러한 무미건조함을 해결하기 위해, 사실 일부 저자들은 본질적인 각 명제 다음에 실제적으로 활용 가능함을 제시하는 방법을 구상하였다. 그러나 그렇게 함으로써 기하의 학습 방법을 용이하게 했다기보다는, 다만 기하의 유용성을 입증한 것이다. 왜냐하면 각 명제는 항상 그 활용보다 앞서 나오기 때문에 정신은 추상적인 아이디어를 파악하는 수고를 겪은 후에만 의미 있는 아이디어로 되돌아오기 때문이다.
　기하의 기원에 대해 생각하면서, 초보자들에게 흥미를 유발시키고 교육하는 두 가지 이점을 통합함으로써 이러한 불편함을 피하려는 바람을 갖게 되었다. 기하학도 다른 모든 과학처럼 점차적으로 형성된 것이 틀림없다고 생각했다. 첫발을 내딛도록 했던 것은 진정으로 어떤 필요였고, 그렇게 했던 사람들이 바로 초보자였으므로 이 첫 걸음은 초보자의 범위를 벗어날 수 없었다. 이러한 아이디어로부터 예고되듯, 나는 기하를 탄생시킬 수 있었던 것으로 거슬러 오르리라고 생각했다. 그리고 첫 발명가들에게는 불가피했던 시험적인 모든 오류를 피할 것만을 주의하면서 그들의 방법과 동일

---

1) 유클리드(Euclid)의 원론을 말한다.

하다고 가정될 만큼 충분히 자연스런 방법으로 기하에 대한 원리를 개발하려고 애썼다. 내게 토지 측량은 기하의 첫 명제들을 탄생시키는 데 매우 적절했던 것으로 보였다. 그리고 사실상 그것이 이 과학의 기원이다. 왜냐하면 기하란 용어가 토지의 측량을 의미하기 때문이다. 어떤 저자들은 나일강의 범람으로 유산의 경계가 훼손되는 것을 매년 목격한 이집트인들이 자신들 영토의 상황, 넓이, 모양을 정확히 확인하는 방법을 찾으면서 기하의 첫 토대를 놓았다고 주장한다. 그러나 이 저자들을 신뢰하지 않는다면, 적어도 처음부터 사람들이 땅을 측량하고 분배하기 위한 방법을 찾은 것은 아닐 것이라는 의심을 해볼 수 있다. 이어서 특정 연구자들이 이 방법을 완성하고자, 그것을 점차 일반적인 연구로 이끌었을 것이다. 그리고 그들은 마침내 모든 종류의 크기에 대한 정확한 관계를 알고자 하여, 앞서 파악했던 것보다 훨씬 광범위한 대상에 대한 과학을 형성하였을 것이다. 그리고 처음에 그 과학에 주었던 이름을 유지했을 것이다.

 이 책에서 나는 발명가의 것일 듯한 경로를 쫓기 위해, 우선 토지 측량 및 접근 가능한 거리 또는 불가능한 거리의 측정과 같이 간단한 측정이 의존하는 원리를 초보자로 하여금 발견하도록 하는데 집중한다. 그 다음, 그것과 많은 유사점을 지니기 때문에 모든 사람들이 지닌 자연스런 호기심으로 인해 집착하게 되는 다른 탐구로 넘어간다. 이어 몇 가지 유용한 적용으로 이 호기심을 정당화하면서, 기본 기하가 지닌 보다 흥미로운 모든 것을 주파하도록 하는 데까지 갈 것이다.

 내가 보기에는 이 방법이 적어도 적용 없는 기하 진리의 무미건조함 때문에 싫증날 수 있는 사람들을 격려하기에 적합하다는 것을 부정할 수 없을 듯하다. 그러나 이 방법이 더 중요한 또 다른 유용성을 지니길 바란다. 그것은 정신으로 하여금 연구하고 발견하는 데 익숙하게 하는 것이다. 왜냐하면 나는 어떠한 명제도 정리, 다시 말해 어떻게 발견하게 되었는지를 보여주지 못하고 이러저러한 진리가 무엇인지를 증명하는 그러한 명제의 형태로 주는 것을 조심스럽게 피하기 때문이다.

　수학의 첫 저자들이 그들의 발견을 정리로 제시했다면, 그것은 의심의 여지없이 그들의 산물에 가장 훌륭한 외양을 주기 위해서였거나 아니면 그들의 연구에서 정리를 이끈 일련의 아이디어를 재고하는 수고를 피하기 위해서였다. 어느 경우였든 간에, 나의 독자들을 문제해결에 부단히 몰두하도록 하는 것이 훨씬 더 적절한 것 같다. 즉 조작 방법을 찾는다든지 주어진 크기와 찾고자 하는 미지의 크기 사이의 관계를 결정하면서 알려지지 않은 진리를 발견하는 방법을 찾는 것을 말한다. 이 경로를 따르면서 초보자들은 매 걸음마다 발명가를 결심시키는 이유를 알아차린다. 그리고 그때 발명의 정신을 보다 쉽게 획득할 수 있다.

　어떤 사람은 이 <원론>의 몇몇 부분에서, 눈으로 확인하는 것을 너무 신뢰한다는 것과 수학적 증명의 엄밀한 정확성에 충분히 집착하지 않는다는 것에 대해 질책할 것이다. 내게 그러한 질책을 할 수 있는 이들에게 부탁하건대, 나는 사람들이 조금만 주목해도 참이라는 것을 알 수 있는 명제에 대해서만 가볍게 지나친다는 사실에 주목하기를 바란다. 특히 이런 종류의 명제를 더 자주 만나는 초반부에 그렇게 한다. 왜냐하면 나는 기하에 관심이 있는 사람들은 자신들의 정신을 어느 정도 훈련시키길 좋아하며, 반대로 무용지물인 증명을 퍼부어 괴롭힐 때 싫증낸다는 것을 알았기 때문이다.

　유클리드는 사람들이 전혀 놀라지 않을 사실이 교차하는 두 원이 같은 중심을 갖지 않는다는 것, 삼각형으로 둘러싸인 삼각형의 변의 합은 둘러싼 삼각형의 변의 합보다 작다는 것을 애써 증명한다. 이 기하학자는 가장 분명한 진리를 거부하는 것을 자랑으로 삼았던 완고한 소피스트들을 설득시켜야 했다. 따라서 당시의 기하는 억지를 말하는 입을 막기 위해 논리학처럼 형식에 맞는 추론에 의존해야 했다. 그러나 상황은 완전히 바뀌었다. 상식만으로 미리 결정되는 것에 거스르는 모든 추론은 오늘날

완전히 실종되었으며 진리를 모호하게 하고 독자들을 질리게 할 수 있을 뿐이다.

  내게 가할 수 있는 또 다른 질책은 보통의 <원론>에 있는 여러 명제들을 생략했다는 것, 그리고 명제들을 다룰 때 그것의 기본적인 원리만을 주는 데 그쳤다는 것일 것이다. 이에 대해서는, 내 계획을 완성하는 데 이용될 모든 것이 이 책 안에 있으며, 내가 간과하는 명제들은 그 자체로 어떠한 유용성도 없고, 한편 중요하게 지도되어야 하는 것들에 대한 이해를 용이하게 하는 데 기여할 바를 알지 못하는 것들이라고 답하겠다. 명제에 대해서는, 내가 명제에 대해 말하는 것이 그 명제를 가정하는 기초 명제들을 이해하도록 하기에 충분할 것이다. 이것이 이어 발간한 <대수학원론>에서 보다 심오하게 다룰 주제이다. 결국 초보자에게 흥미를 주기 위해 토지 측량을 선택했기 때문에, 사람들이 이 <원론>을 초심자의 일반 개론서와 혼동하지 않을까 하고 우려하게 된다. 토지 측량은 이 책의 진정한 목적이 아니며 기하의 주요 진리를 발견하도록 하기 위한 경우에만 이용된다는 것을 알지 못하는 사람들만 그러한 생각을 할 것이다. 나는 물리, 천문학, 또는 내가 선택하고자 하는 수학의 어떠한 다른 영역에 대한 역사를 세우면서 마찬가지로 이러한 진리들로 다시 오를 수 있다. 하지만 전념해야할 다수의 기이한 아이디어는 기하학적인 아이디어로 충만할 것이고, 나는 독자의 정신을 그것에만 고정시킬 것이다.

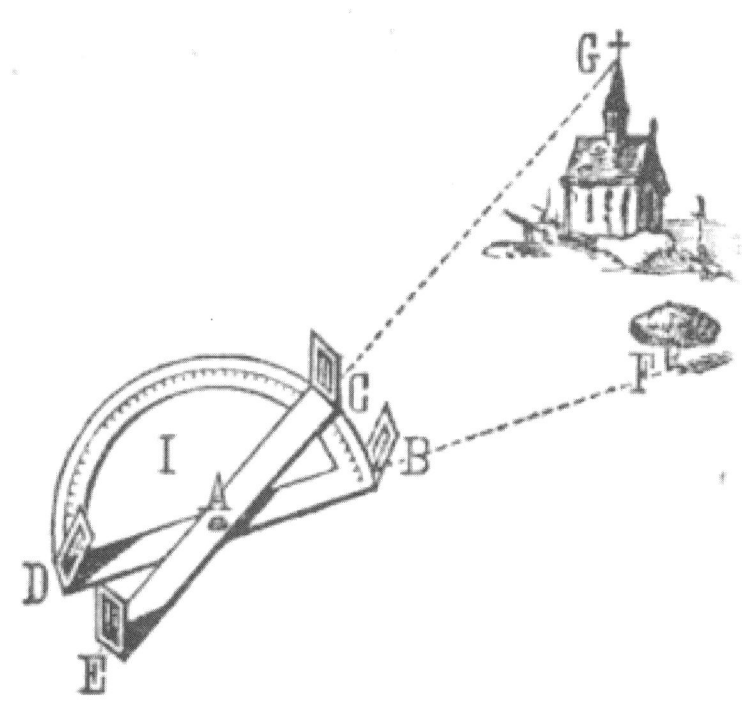

Chapter 1

토지를 측량하기 위해 사용한
가장 자연스러웠던 방법

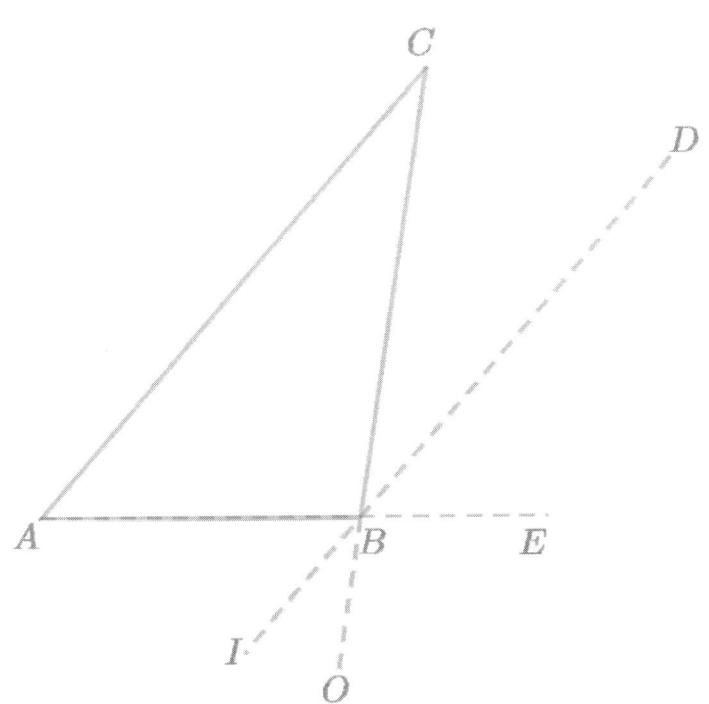

우선 측정해야 할 것 같은 것은 길이와 거리이다.

어떤 길이를 측정하기 위해 일종의 자연 기하가 제공하는 방편은 알고 있는 척도2)의 길이를 알고자 하는 길이와 비교하는 것이다.

> 한 점에서 다른 점까지 가장 짧은 것은 선분3)이며, 따라서 선분이 두 점 사이의 거리의 측도이다.

두 점 사이의 거리를 측정하려면 한 점에서 다른 점까지 선분을 그어야 하며, 바로 이 선분 위로 알고 있는 측도를 가져가야 한다는 것을 안다. 왜냐하면 선분 외의 것은 다소간의 굴곡을 만들어낼 수밖에 없으므로 굴곡을 전혀 만들지 않는 선분보다 더 길기 때문이다.

---

2) 'measure'는 측도 또는 척도를 의미한다. 측정 결과나 길이, 넓이, 부피 등의 크기를 의미할 때는 전자로, 측정 기준 및 단위를 나타낼 때는 후자로 번역한다. 또는 많은 경우에 측정 행위를 나타내기도 한다.

3) 원문에서는 직선과 선분을 구별하지 않고 모두 직선에 해당하는 ligne, ligne droite 등의 용어를 사용하였지만, 오늘날의 의미대로 직선 중의 유한부분을 말할 때는 자연스럽게 선분으로 번역한다.

어떤 직선에 어느 쪽으로도 기울지 않게 내린 직선은
그 직선에 수직이다.

한 점에서 다른 점까지의 거리를 측정할 필요 외에, 한 점에서 한 직선까지의 거리를 측정해야 하는 일이 종종 생긴다. 예를 들어, 강변의 D(그림 1)에 위치한 사람이 자신이 있는 지점에서 건너편 강변 AB까지의 거리가 얼마나 되는지 알고자 한다. 이 경우에 구하는 거리를 측정하기 위해서는 DA, DB와 같이 점 D에서 직선 AB까지 그을 수 있는 모든 선분 중 가장 짧은 것을 택해야 함이 분명하다. 여기서 필요로 하는 가장 짧은 선분은 A쪽으로도 B쪽으로도 기울지 않은 것으로 가정되는 선분 DC임을 쉽게 알 수 있다. 따라서 이 선분이 바로 점 D로부터 선분 AB까지의 거리 DC를 알기 위해 알고 있는 척도를 가져가야 하는 곳이며, 수선이라 명명한다. 그러나 선분 DC에 이 척도를 놓기 위해서는 먼저 이 선분을 그어야 한다. 따라서 수선을 긋기 위한 방법이 필요하다.

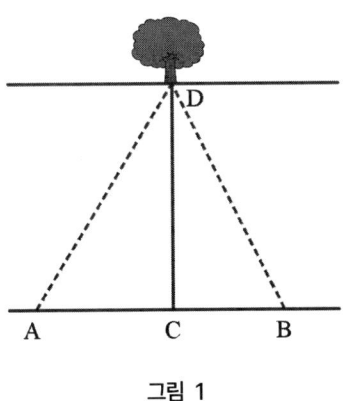

그림 1

직사각형은 서로 수직인 네 변으로 이루어진 도형이고, 정사각형은 네 변의 길이가 같은[4] 직사각형이다.

수선을 그어야 할 필요가 있는 경우는 무수히 많다. 예를 들어 직사각형이라 불리는, 서로 수직인 네 개의 변으로 이루어진 ABCD, FGHI(그림 2와 3)와 같은 도형의 반듯함이 집과 그 내부에 있는 정원, 방, 벽면 등에 그 형태를 부여한다는 사실을 알고 있다.

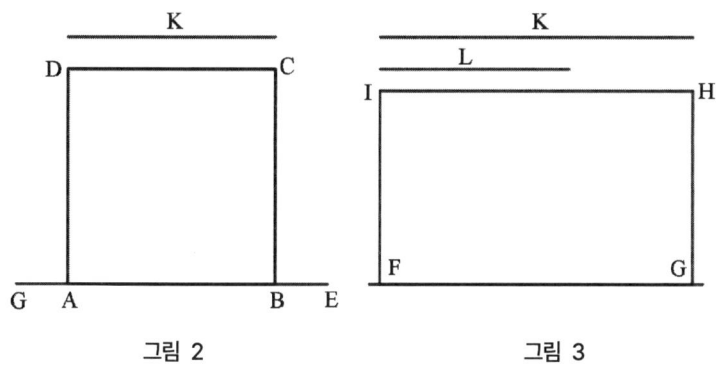

그림 2   그림 3

이 도형 중 네 변이 같은 ABCD는 보통 정사각형이라 불린다. 한편 대변만 같은 FGHI는 직사각형이라 한다.

---

4) 'égal(같다)'이 여러 가지 상황에서 쓰인다. 변이 같다는 것은 길이가 같음을, 평면도형이 같다는 것은 넓이가 같음을, 입체도형이 같다는 것은 부피가 같음을 말하는 것으로서, 도형의 차원에 따라 그 구체적인 의미를 이해해야 하며 때로는 보다 강력하게 합동의 의미로 사용되기도 한다.

수선을 올리는 방법

수선을 그릴 것을 요구하는 여러 가지 조작에서, 그것은 직선 밖의 한 점에서 그 직선에 수선을 내리거나 또는 직선 위의 한 점에서 수선을 올리는 것에 관한 것이다.

직선 AB에서 잡은 점 C(그림 4)로부터 AB에 수직인 직선 CD를 올리고자 한다면, 이 직선은 A쪽으로도 B쪽으로도 기울지 않아야 한다.

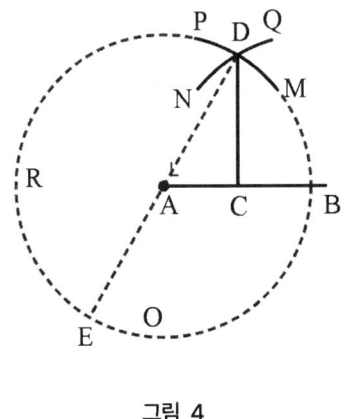

그림 4

우선 C가 A와 B로부터 같은 거리에 있고, 직선 CD가 어느 쪽으로도 기울지 않는다고 가정하면, 이 직선의 각 점들은 A와 B로부터 같은 거리만큼 떨어져 있음이 분명하다. 따라서 점 A로'부터의 거리가 점 B로부터의 거리와 같은 임의의 한 점 D를 찾기만 하면 된다. 그때, 이 점과 C를 지나는 직선 CD를 그으면, 이 직선이 구하는 수선일 것이기 때문이다.

점 D를 구하기 위해 시행착오 하면서 찾을 수도 있다. 그러나 기하학적 정신은 시행착오로 만족할 수 없고 좀 더 명확한 방법을 원한다. 그 방법은 다음과 같다.

일상 척도, 예를 들어 땅에 그릴 것인지 종이 위에 그릴 것인지에 따라 줄 또는 고정시킨 컴퍼스를 잡는다.

이 척도로 줄의 한 끝 또는 컴퍼스의 한쪽 다리를 점 A에 고정시키고, 다른 다리나 줄의 다른 끝을 돌려서 호 PDM을 그린다. 그 다음, 척도를 바꾸지 않고 점 B에 대해 똑같이 조작하여 호 QDN을 그린다. 이것은 호 PDM과 점 D에서 만나며, 그것이 구하는 점이다.

점 D는 공통 척도를 사용하여 그린 두 개의 호 PDM과 QDN에 동시에 속하기 때문에, 점 A로부터의 거리와 점 B로부터의 거리가 같다. 그러므로 CD는 A쪽으로도 B쪽으로도 기울지 않으며, 따라서 이 직선은 AB에 수직이다.

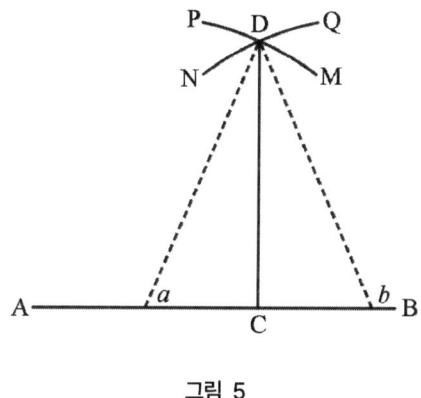

그림 5

만약 점 C가 A와 B로부터 같은 거리에 있지 않다면(그림 5), C로부터 같은 거리만큼 떨어진 두 점 a와 b를 잡아서 A와 B를 대신하여 호 PDM과 QDN을 그리는 데 이용해야 한다.

원은 컴퍼스의 움직이는 다리가 다른 다리의 둘레로 도는 동안 그리는 전체 자취이다. 중심은 고정된 다리의 위치이다. 반지름은 컴퍼스가 벌어진 간격이다. 지름은 반지름의 두 배이다.

PDM(그림 4) 같은 자취 중 하나가 O, E, R 등을 지나 같은 점 P에 다시 올 때까지 계속된다면, 그 전체 자취를 원주 또는 간단히 원이라 한다.

원주의 부분 PDM만을 그리면, 이 부분은 원의 호라 한다.

고정된 점 A는 그 중심, 즉 원의 중심이고, 구간 AD는 반지름이다.

DAE와 같이 중심 A를 지나고 원주에서 끝나는 모든 선분을 지름이라 한다. 이 선분은 반지름의 두 배임이 분명하며, 이와 같은 이유에서 반지름(rayon)을 때때로 반-지름(demi-diamètre)이라고도 한다.[5]

---

[5] 우리말에서는 '반지름'이라는 용어 자체가 지름의 반임을 함의하지만, 프랑스어에서 흔히 반지름에 해당하는 용어인 rayon에는 그러한 의미가 드러나지 않기 때문에 부가된 설명이다.

수선을 내리는 방법

직선 AB(그림 6)에서 수선을 올리는 방법은 이 직선 밖의 임의의 한 점 E로부터 수선을 내리는 방법을 제공한다. E에 실의 끝이나 컴퍼스의 다리를 놓고, 같은 구간 Eb로 직선 AB 위에 두 점 a와 b를 표시한 다음, 앞 절에서와 같이 점 a와 b로부터의 거리가 같은 또 하나의 점 D를 찾는다. 이 점과 E를 지나는 선분 DE를 긋는다. 이 선분은 그 양 끝점이 각각 a와 b로부터 같은 거리에 있고, a, b의 어느 한쪽으로도 기울지 않으므로 AB에 수직이다.

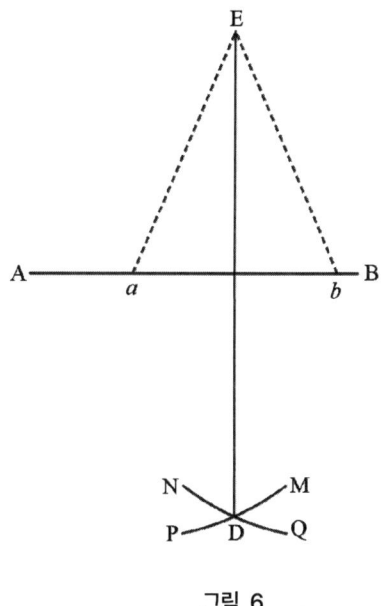

그림 6

선분을 이등분하기

앞에서 한 조작으로부터 새로운 문제의 해법이 따른다.

선분 AB를 이등분하는 것과 관련된다(그림 7). 적당히 벌린 컴퍼스로 두 점 A와 B를 각각 중심으로 하여 호 REI, GEF를 그리고 나서, 역시 A, B를 중심으로 하고 같거나 또는 원하는 다른 간격의 컴퍼스로 호 PDM, QDN을 그린다. 그러면 교점 E와 D를 잇는 직선 ED는 AB를 점 C에서 이등분한다.

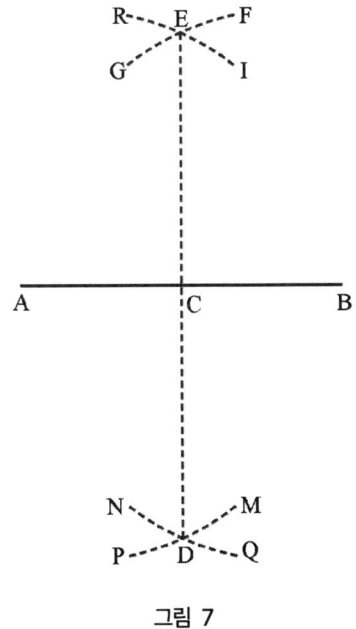

그림 7

9

주어진 선분을 한 변으로 하는 정사각형 그리기

수선을 긋는 방법을 찾았으므로, 4절에서 말한 직사각형과 정사각형이라 불리는 도형을 그리는 데 이 방법을 이용하는 것은 어려운 일이 아니다. 주어진 선분 K를 한 변으로 하는 정사각형 ABCD(그림 2)를 그리기 위해, 직선 GE 위에 K와 같은 길이의 구간 AB를 잡고, 점 A와 B에서 K와 같은 길이의 수선 AD와 BC를 올리고 나서(5절), DC를 그어야 한다는 것을 알 수 있다.

10

가로와 세로[6]가 주어진 직사각형 그리기

가로가 K, 세로가 L인 직사각형 FGHI(그림 3)를 그리려면 FG를 K와 같게 그린 다음, L과 같은 길이의 수선 FI와 GH를 올리고 나서 HI를 긋는다.

---

[6] 가로, 세로는 직사각형이 놓인 위치에 따라 지칭되는 상대적인 이름이지만, 그에 상응하는 프랑스어 용어인 longueur와 largeur는 직사각형의 두 변 중 긴 변과 짧은 변을 의미하므로 위치에 관계없이 길이에 따라 붙여진 이름이다. 따라서 그림 3에서 FG는 longueur, FI는 largeur에 해당한다.

평행선은 서로 거리가 일정한 직선이다. – 주어진 점을 지나는 평행선 긋기

성벽, 운하, 도로와 같은 건설 공사 중에 평행선, 즉 그 간격이 어디서나 같은 길이의 수선이 되는 위치의 직선들을 그려야 할 필요가 있다. 그런데 이 평행선을 그리기 위해서, 직사각형을 그리는 데 이용한 방법에 의존하는 것보다 더 자연스러운 것은 없는 것 같다. 예를 들어, AB(그림 8)를 운하 또는 성벽의 한쪽 변이라 하고, 이것에 폭 CA를 주고자 한다. 또는 문제를 보다 기하학적이고 보다 일반적으로 기술하자면, C를 지나는 AB의 평행선 CD를 그으려 한다고 가정하자. 직선 AB에서 점 B를 임의로 잡고, AC를 높이로 갖는 밑변 AB의 직사각형 ABCD를 만들고자 할 때와 똑같은 방법으로 조작하면 된다. 그러면 직선 CD와 AB는 무한히 연장해도 항상 평행하며, 결국 같은 말이지만, 두 직선은 결코 서로 만나지 않는다.

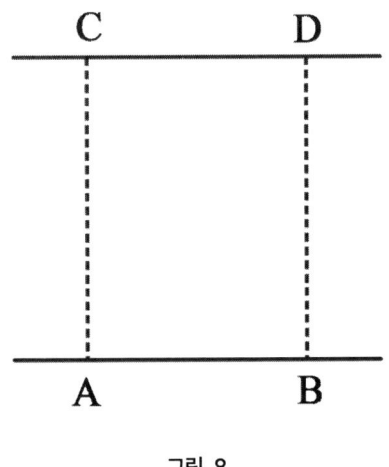

그림 8

직사각형의 넓이는 높이와 밑변의 곱이다.

이미 말했듯이 직각으로 이루어진 도형은 그 반듯함으로 인해 자주 이용되기 때문에, 그 넓이를 알아야 하는 경우가 종종 있다. 예를 들어 방에 카펫이 얼마나 필요한지, 직사각형 모양의 집 안마당이 몇 평인지 측정하는 경우가 해당한다.

이런 종류의 측정을 위해 가장 간단하고 자연스런 방법은, 공통 척도를 이용하여 측정해야 할 표면 위에 여러 번 갖다 놓아 그것을 완전히 덮는 것이라고 생각한다. 선분의 길이를 결정하기 위해 이미 사용했던 것과 마찬가지 방법이다.

그런데, 표면의 공통 척도는 그 자체가 하나의 표면, 예컨대 1제곱미터, 1제곱센티미터[7]의 표면임이 분명하다. 따라서 직사각형을 측정하는 것은 그 표면이 포함하는 제곱미터, 또는 제곱센티미터의 수를 결정하는 것이다.

이해를 돕기 위해 예를 들어보자. 주어진 직사각형 ABCD(그림 9)는 밑변이 8센티미터이고 높이가 7센티미터라고 하자. 이 직사각형을 각각 8개의 제곱센티미터를 포함하는 7개의 띠 a, b, c, d, e, f, g로 나누어진 것으로 볼 수 있다. 따라서 이 직사각형의 넓이는 8 제곱센티미터의 7배, 즉 56 제곱센티미터이다.

---

7) 원문에 쓰인 toise(키), pied(발)는 길이의 옛날 단위로서, 1toise=1.949m, 1pied=32.4cm이다. 이하에서 편의상 전자는 미터로, 후자는 센티미터로 번역한다. 더불어 원문의 33절 이후에 나오는 pouce(엄지손가락)라는 단위는 1pouce=1/12pied≒27mm에 해당하며, 밀리미터로 번역된다.

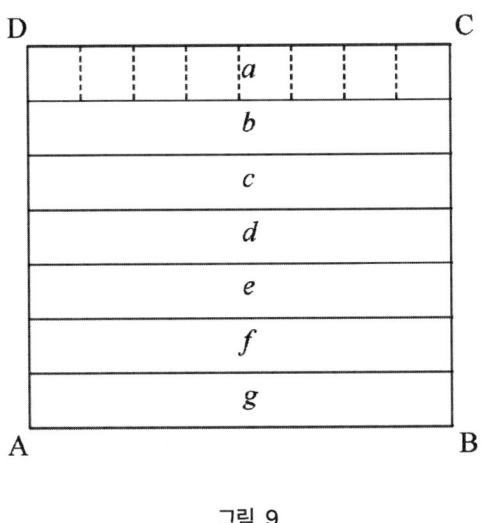

그림 9

    이제 산술 계산의 기초 사항들을 기억한다면, 그리고 두 수를 곱한다는 것은 한 수를 단위가 다른 수에 포함되는 회수만큼 취하는 것임을 기억한다면, 보통의 곱셈과 직사각형을 측정하는 조작 사이에 완벽한 유사점을 발견할 것이다. 높이가 주는 미터 또는 센티미터의 개수를 밑변이 주는 미터 또는 센티미터의 개수와 곱함으로써, 표면이 포함하는 제곱미터 또는 제곱센티미터의 수를 결정한다는 것을 알 수 있다.

다각형은 선분으로 둘러싸인 도형이다. 삼각형은 세 개의 선분으로 둘러싸인 도형이다.

측정해야 하는 도형이 직사각형처럼 항상 반듯한 것은 아니지만 종종 그 넓이를 알 필요가 있다. 때로는 반듯하지 않은 땅 위에 세운 건축물의 넓이를 결정해야 하고, 때로는 경계가 반듯하지 않은 땅이 몇 평인지 알고자 할 때이다. 따라서 직사각형의 넓이를 결정하는 방법에 직각으로 이루어지지 않은 도형을 측정하는 방법을 첨가할 필요가 있었다.

우선, 실제로 어려움은 ABCDE(그림 10)와 같은 다각형, 즉 선분으로 둘러싸인 도형을 측정하는 것에 있음을 안다.

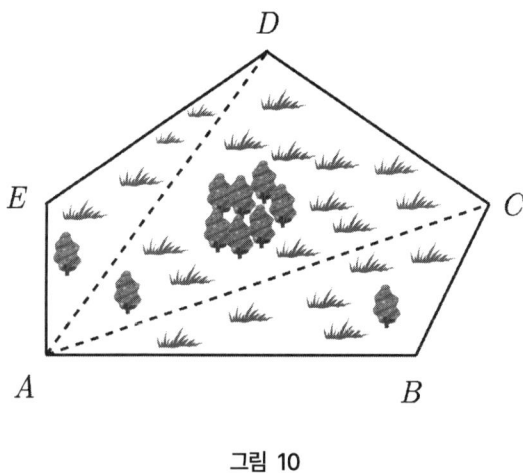

그림 10

왜냐하면 도형 ABCDEFG(그림 11)에서처럼 땅의 둘레에 몇 개의 곡선이 있다면, 분명히 이 곡선들을 지각 가능한 모든 오류를 피하기에 충분할

만큼의 부분으로 나누어, 항상 선분의 집합으로 생각할 수 있기 때문이다.

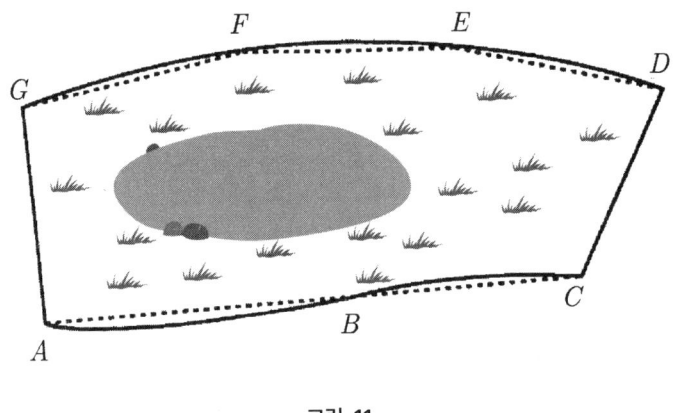

그림 11

그렇게 가정한다면, 다각형이 아무리 다양할지라도 보통 삼각형이라 불리는 세 변으로 이루어진 도형으로 나누어 모두 동일한 방법으로 측정할 수 있음을 알 수 있다. 도형 ABCDE(그림 10)의 둘레의 임의의 점, 예컨대 A로부터 점 C, D까지 선분 AC, AD를 긋는다면 아주 간편하게 측정할 수 있다.

직사각형의 대각선은 직사각형을 두 개의 같은 삼각형으로 나누는 선분이다. 직각삼각형은 두 변이 서로 수직인 삼각형이다. 삼각형은 밑변과 높이가 각각 같은 직사각형의 반이다. 따라서 그 넓이는 높이와 밑변의 곱의 반이다.

삼각형의 넓이를 구하는 문제이다. 모르는 것을 찾기 위한 가장 확실한 방법은 우리가 알고 있는 것 중에서 알고자 하는 것과 관련된 무언가가 혹시 있는지 탐구하는 것임을 알고 있다. 그런데 모든 직사각형 ABCD(그림 12)는 밑변 AB와 높이 CB의 곱과 같음을 이미 보았다. 더욱이 대각선이라 불리는 선분 AC에 의해 가로질러 잘려진 이 도형이 두 개의 같은 삼각형으로 나누어진다는 것을 쉽게 알 수 있고, 이로부터 각각의 삼각형은 밑변 AB나 DC와 높이 CB나 DA의 곱의 반과 같을 것이라고 추론한다.

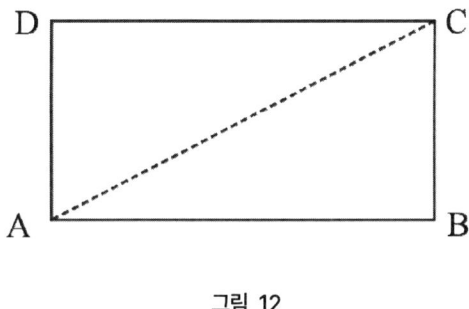

그림 12

사실, 측정하려는 삼각형이 삼각형 ABC, ADC처럼 서로 수직인 두 변을 갖는 경우 -그것을 직각삼각형이라 부른다.- 는 드물다. 그러나 어떤 삼각형이든 이런 종류의 삼각형으로 환원하지 못할 것이 없다.

왜냐하면 임의의 삼각형 ABC(그림 13)의 꼭짓점 A로부터 밑변 BC에 수선 AD를 내리면, 삼각형 ABC는 두 개의 직각삼각형 ABD와 ADC로 나누어지기 때문이다.

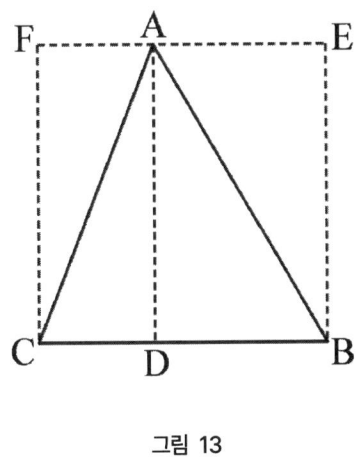

그림 13

따라서 방금 언급된 예에서 두 삼각형 ABD, ADC가 직사각형 AEBD, ADCF의 반이기 때문에, 주어진 삼각형 ABC는 마찬가지로 BC를 밑변으로 하고, AD를 높이로 하는 직사각형 EBCF의 반인 것이 분명하다. 그런데 직사각형 EBCF의 넓이는 높이 EB 또는 AD와 밑변 BC의 곱과 같으므로 삼각형 ABC의 넓이는 밑변 BC와 삼각형의 높이인 수선 AD의 곱의 반이다.

이제 우리는 선분으로 둘러싸인 모든 토지를 측정하는 방법을 갖추었다. 왜냐하면 그중 어느 것도 삼각형으로 환원될 수 없는 것은 없고, 이들 삼각형의 꼭짓점으로부터 밑변에 수선을 내릴 줄 알기 때문이다.

> 높이와 밑변이 각각 같은 삼각형은 넓이가 같다.

방금 제시한 방법에서 삼각형의 넓이를 측정하기 위해 다른 변의 길이에 상관없이 밑변과 높이만을 이용한다는 사실로부터, 공통 밑변 CB를 갖고, 높이 EF, AD가 같은 ECB, ACB(그림 14)와 같은 모든 삼각형은 넓이가 같다는 명제 또는 정리를 유도한다.

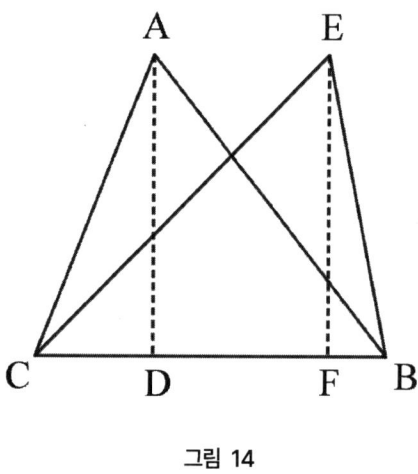

그림 14

삼각형의 넓이를 구하는 원리에 대한 이해를 돕기 위해, 우리는 마주하는 꼭짓점으로부터 내린 수선이 변 위에 떨어지는 변만을 밑변으로 선택해야 한다고 믿었고, 토지 측량에 관한 것일 때는 언제나 그렇게 할 수 있는 것이다. 그러나 같은 밑변을 갖는 삼각형들과 비교할 때, 그림 15에서처럼 꼭짓점으로부터 내린 수선이 삼각형 밖에 떨어질 수 있기 때문에, BCG와 같은 삼각형도 다른 경우와 마찬가지인지, 다시 말해, 항상 수선 GH가 높이인 직사각형 ECBF의 반인지를 알아볼 필요가 있는 것 같다.

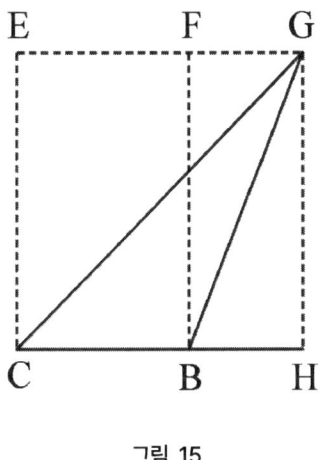

그림 15

그러나 그것은 두 삼각형 CGB, GBH의 합인 삼각형 CGH가 두 직사각형 ECBF, FBHG의 합인 직사각형 ECHG의 반이므로 두 삼각형 CGB, GBH를 합하면 직사각형 ECHG의 반에 해당하고, 그런데 삼각형 GBH는 직사각형 FBHG의 반이므로 주어진 삼각형 BCG는 밑변이 BC, 높이가 GH인 또 하나의 직사각형 ECBF의 반임을 주목함으로써 쉽게 확인할 수 있다.

밑변이 같고 동일한 평행선 사이에 있는 삼각형은 넓이가 같다.

앞의 세 절에서 증명된 명제는 또한 일반적으로 다음과 같이 기술될 수 있다. 삼각형 EBC, ABC, GBC(그림 16)가 공통 밑변 BC를 갖고 동일한 평행선 EAG, CBH사이에 있을 때, 다시 말해 꼭짓점 E, A, G가 직선 CB에 평행인 하나의 직선 EAG에 있을 때 넓이는 같다. 왜냐하면 수선 EF, AD, GH로 측정되는 각각의 높이가 같기 때문이다(11절).

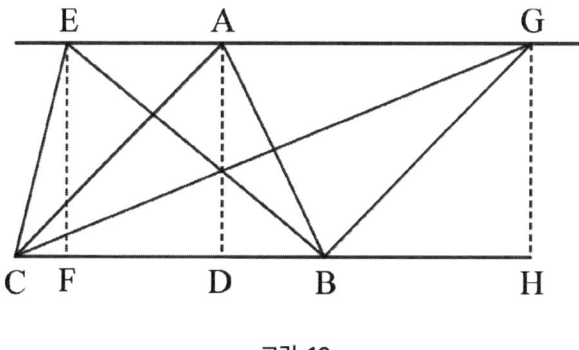

그림 16

**평행사변형은 두 쌍의 대변이 평행인 사각형이다.
넓이는 높이와 밑변을 곱하여 구한다.**

앞선 방법으로 측정할 수 있는 여러 가지 다각형 중에 직사각형의 반듯함으로부터 접근하는 것이 있는데, 그것은 각각이 그 대변에 평행인 네 변으로 둘러싸인 ABCD(그림 17)와 같은 공간이다. 이 도형을 평행사변형이라 한다. 이것은 직사각형을 제외한 그 외의 어떤 다각형보다 측정하기 쉽다. 왜냐하면 평행사변형 ABCD를 두 개의 삼각형 ABC와 ACD로 나누면 보기에도 같아 보이는 이 두 삼각형은 각각 높이 AF와 밑변 BC의 곱의 반이므로, 평행사변형의 넓이는 밑변 BC와 높이 AF의 온전한 곱이기 때문이다.

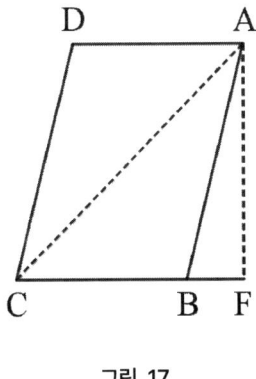

그림 17

공통 밑변을 갖고 동일한 평행선 사이에 있는 평행사변형은 넓이가 같다.

결과적으로, 공통 밑변을 갖고 동일한 평행선 사이에 있는 모든 평행사변형 ABCD, EBCF(그림 18 또는 19)는 넓이가 같다. 이것은 앞에서 한 것과 별도로 생각하더라도 쉽게 알 수 있는 것이다. 평행사변형 ABCD는 삼각형 DCF를 첨가하고 전체 도형 ABCF로부터 삼각형 ABE를 다시 잘라낸다면 평행사변형 EBCF가 되고, 두 삼각형 DCF와 ABE가 같다고 가정한다면 평행사변형 ABCD는 EBCF가 되면서 넓이가 조금도 변하지 않을 것이 분명하다. 그런데 이 두 삼각형의 넓이가 같음을 확인하기 위해, AB와 CD가 평행이고 BE와 CF도 평행이므로 삼각형 ABE는 점 A가 D로, E가 F로 가는 식으로 밑변에 대해 미끄러지면 삼각형 DCF에 불과함을 관찰하는 것으로 충분하다.

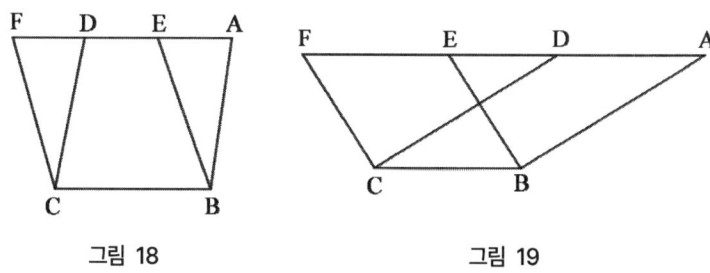

그림 18 　　　　　　　　그림 19

정다각형은 길이가 같고 서로 같게 기울어진8) 변들로 둘러싸인 도형이다.

측정하기 쉬운 또 다른 다각형이 있다. 정다각형이라 불리는 것으로, 변의 길이가 같고 변들 서로 간의 기울어진 정도가 모두 같은 도형을 말한다. 도형 ABDEF, ABDEFG, ABDEFGH(그림 20, 21, 22) 같은 것이다.

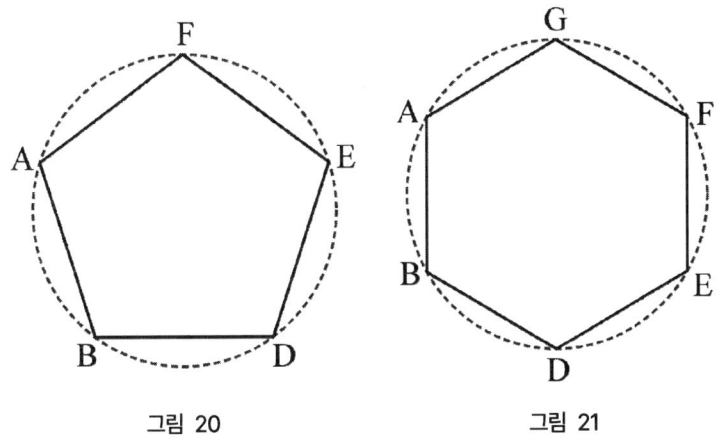

그림 20   그림 21

욕조, 연못, 공공 광장 등에 이들 도형의 대칭적인 형태를 주는 관례가 있기 때문에 측정하는 것을 배우기에 앞서 어떤 방법으로 그리는지를 알 필요가 있다고 생각한다.

---

8) 변이 서로 같게 기울어졌다는 것은 결국 내각의 크기가 모두 같음을 의미하는데, 각의 정의가 나중(27절)에 나오므로 각이라는 용어를 사용하지 않고 설명한 것이다.

변의 수가 결정된 정다각형을 그리는 방법 – 오각형은 5개, 육각형은 6개, 칠각형은 7개, 팔각형은 8개, 구각형은 9개, 십각형은 10개의 변으로 이루어진다.

원주를 그리고, 그것을 그리고자 하는 정다각형의 변의 개수만큼 등분한다. 이어서 원주를 나누는 점 A, B, D, E 등을 지나는 선분 AB, BD, DE 등을 그리면 구하는 정다각형을 얻게 되고, 변의 개수 5, 6, 7, 8, 9, 10개에 따라 정오각형, 정육각형, 정칠각형, 정팔각형, 정구각형, 정십각형이라 부른다.

정다각형의 넓이 구하기 - 변심거리는 도형의 중심으로부터 한 변에 내린 수선이다.

정다각형을 측정하기 위해 모든 다각형에 대해 이미 적용했던 방법(13절)[9]을 사용할 수 있다. 그러나 가장 간단한 방법은 정다각형을 중심 C를 꼭짓점으로 하는 같은 삼각형들로 나누는 것임을 쉽게 알 수 있다. 이 삼각형들 중 하나, 예를 들어 CBD(그림 22)를 택하여 밑변 BD에 수선 CK - 이 경우에 정다각형의 변심거리라 한다. - 를 그으면, 그 삼각형의 넓이는 밑변 BD와 CK의 반의 곱이므로 이 곱을 다각형의 변의 개수만큼 취하면 전체 도형의 넓이가 된다.

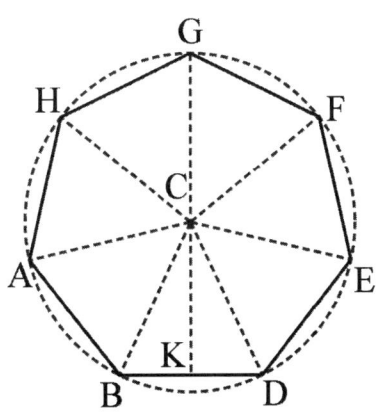

그림 22

---

[9] 다각형의 한 꼭짓점으로부터 대각선을 그음으로써 삼각형으로 나누어 구하는 방법을 말한다.

정삼각형은 세 변의 길이가 같은 삼각형이다.
— 그리는 방법

원주를 3등분하면 흔히 정삼각형이라 부르는 삼각형을 만들고, 4등분하면 정사각형을 만든다. 그러나 모든 정다각형 중 가장 간단한 이 두 도형은 원의 분할에 의존할 필요 없이 쉽게 그릴 수 있다. 정사각형에 대해서는 이미 보았다(9절). 정삼각형의 경우에는, 주어진 밑변 AB(그림 23)에 그리기 위해 점 A와 B를 중심으로 하여 AB만큼 벌린 컴퍼스로 호 DCF와 GCH를 그리고, 이어 점 A와 B로부터 두 호 DCF, GCH의 교점이면서 삼각형의 꼭짓점이 되는 점 C까지 선분 AC와 BC를 그어야 함을 쉽게 알 수 있다.

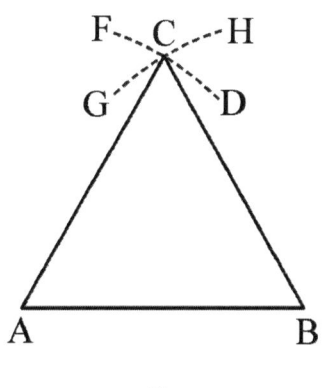

그림 23

정오각형의 작도법[10]을 여러 저자들이 그들의 <원론>에서 했던 것처럼, 모든 다각형의 기초인 정삼각형과 정사각형의 작도법과 연결 지을 수 있다. 그러나 우리가 이 책의 독자로 간주하는 초보자들은 대수를 통해야 발견 가능한 정오각형의 작도법을 찾으면서 따라야 하는 경로를 파악하기가 무척 힘들기 때문에, 우리는 정오각형의 작도를 다음 책으로 미룰 것이다. 거기서 이 작도를 대수에 의존하지 않으면 작도될 수 없었던 더 많은 변을 갖는 다른 모든 정다각형의 작도와 연결 지을 것이다.

대수적 계산 방법에 의해서만 작도 가능하다고 말한 5개 이상의 변을 갖는 정다각형 중에서, 1장의 끝에서 보게 될 것처럼 기본 기하가 제공하는 방법에 의해 쉽게 작도할 수 있는 6, 12, 24, 48…과 8, 16, 32, 64…개의 변으로 이루어진 정다각형은 제외해야 한다.

---

10) 원문에서 '기하학적으로 그린다'고 표현한 것이다.

토지 측량으로 되돌아와서, 측정하고자 하는 땅이 앞선 방법들이 처방하는 조작에 종종 맞지 않는다는 것을 나는 알고 있다.

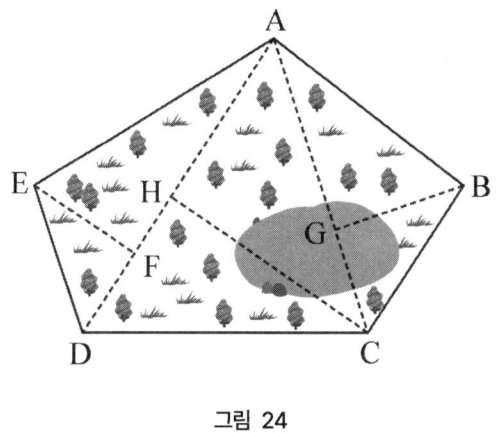

그림 24

ABCDE(그림 24)를 측정하려는 밭이나 안마당 등의 모양이라고 가정하자. 앞에서 본 것에 따르면, ABCDE를 ABC, ACD, ADE와 같은 삼각형으로 나누고, 이어 수선 BG, CH, EF를 내린 다음 이 삼각형들을 측정해야 한다. 그러나 공간 ABCDE 안에 필요한 선분을 그리지 못하게 방해하는 장애물, 이를테면 나무같이 솟은 것이나 연못 등이 있다면, 그때는 어떻게 해야 할까? 토지의 불편함을 수정하기 위해 어떤 방법을 따라야 할까? 우선 머리에 떠오르는 것은 쉽게 조작할 수 있는 평평한 땅을 골라서 그 위에 삼각형 ABC, ACD 등과 합동인[11] 삼각형을 그리는 것이다. 새로운 삼각형을 만들기 위해 어떻게 해야 하는지 알아보자.

---

11) 원문에서 합동(congruent)이란 용어가 직접 사용되지는 않는다. 보통 '같다'라는 용어가 문맥상 합동의 의미를 대신하는데, 특히 이 부분에서는 '넓이가 같고 모양이 같은(égal et semblable)'이라고 하여 합동의 의미를 정확하게 제시하고 있다.

삼각형의 세 변을 알 때 합동인 삼각형 그리기

변의 길이를 알고 있는 삼각형 ABC(그림25)의 내부에 장애물이 있어서, 선택한 땅 위에 합동인 삼각형을 그린다고 하자.

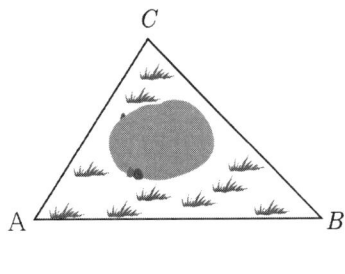

그림 25

우선 변 AB와 같은 길이의 선분 DE를 그리고 나서(그림 25와 26), 길이 BC의 끈을 잡아 한 끝점을 E에 고정시키고 그 끈을 반지름으로 하여 호 IFG를 그린다. 마찬가지로 AC와 같게 잡은 다른 끈으로 D에 한 끝점을 붙이고 호 KFH를 그린다. 이것은 점 F에서 호 IFG와 만나게 된다. 그러면 선분 DF와 FE를 그음으로써 주어진 삼각형 ABC와 합동인 삼각형 DEF를 얻는다.

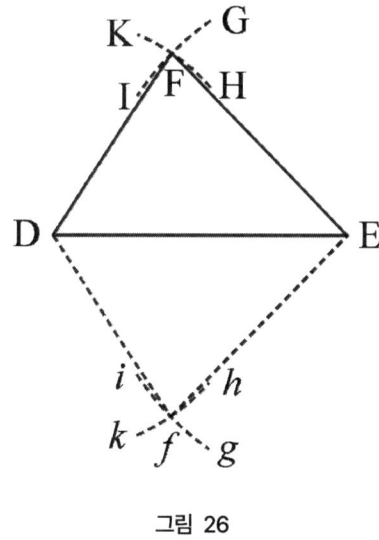

그림 26

 이것은 분명하다. 왜냐하면 점 F에서 만나는 변 DF, EF는 점 C에서 만나는 변 AC, BC와 각각 같고, 밑변 DE를 AB와 같게 잡았으므로 선분 DE에 대한 DF, EF의 위치가 선분 AB에 대한 AC, BC의 위치와 다를 수 없기 때문이다. 사실 선분 Df, Ef를 DE의 아래쪽에 잡을 수도 있다. 그러나 그 삼각형 역시 동일한 것이며 단지 뒤집혔을 뿐이다.

각은 한 직선이 다른 직선에 대해 기울어진 것이다.

삼각형 ABC의 세 변 중 두 변, 예컨대 AB, BC(그림 27)만을 측정할 수 있다면 그것만으로 ABC와 합동인 삼각형을 결정할 수 없다는 것은 명백하다.

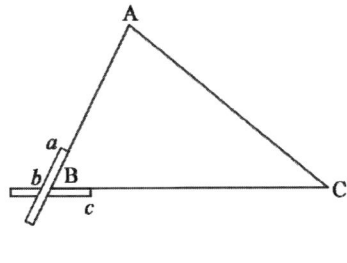

그림 27

왜냐하면 DE를 BC와 같게, DF를 BA와 같게 잡는다 할지라도(그림 27과 28), 나머지 한 변과 관련하여 어떤 위치에 놓아야 하는지 모르기 때문이다.

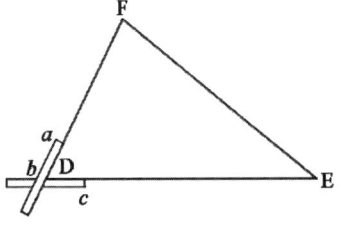

그림 28

이 어려움을 해소하기 위해 제시되는 방법은 간단하다. AB가 BC에 기운 것과 같은 방법으로 DF를 DE에 기울도록 하는 것이다. 또는 기하학자들처럼 표현하면, 각 FDE를 각 ABC와 동일하게 벌린다.

어떤 각과 같은 각을 그리는 방법 – 두 변과 그 끼인각이 주어지면 삼각형이 결정된다.

이 조작을 하기 위해, b 둘레로 돌릴 수 있는 두 개의 자로 이루어진 abc와 같은 도구(그림 27)를 취하여, 두 자를 변 AB와 BC 위에 놓는다. 그럼으로써 두 자는 변 AB, BC와 똑같이 각을 만든다. 따라서 중심 b가 점 D에 대응하는 방식으로 자 bc를 밑변 DE에 놓고, 도구의 벌어진 정도를 같게 유지하면 자 ab는 변 DF의 위치를 알려줄 것이고, 그것은 변 DE와 함께 각 ABC와 같은 각 FDE를 만들게 된다. 그러고 나서 BA와 같은 길이로 변 DF를 잡는다. 이제, 삼각형 ABC와 합동인 삼각형 FDE를 구하기 위해 F와 E를 이어 선분 FE를 긋기만 하면 된다. 삼각형은 두 변의 길이와 그 벌어진 정도에 의해 결정된다, 또는 다시 말해, 두 변의 길이가 각각 같고, 그 사이에 끼인각이 같을 때 두 삼각형은 합동이라는 분명한 원리를 가정하는 단순한 응용이다.

어떤 각과 같은 각을 그리는 두 번째 방법 – 원에서 호의 현은 그 호의 양끝점이 결정하는 선분이다.

각 ABC와 같은 각 FDE를 다음과 같은 방법으로도 그릴 수 있다(그림 29와 30).

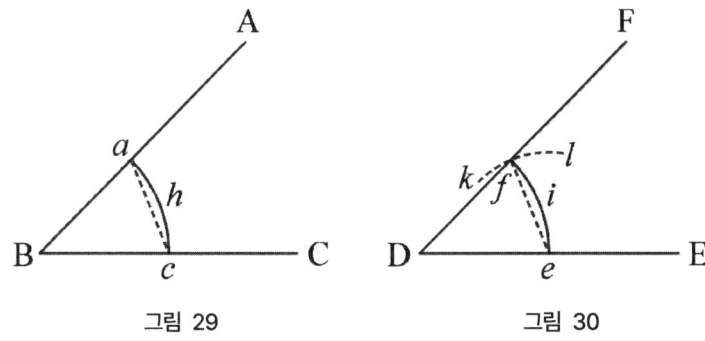

그림 29   그림 30

중심 B와 임의의 구간 Ba로 호 ahc를 그리자. 그리고 나서 중심 D 및 같은 구간으로 호 eif를 그리자. 이제 a가 호 cha 위에 위치한 것과 같은 방법으로 호 eif 위에 위치한 점 f를 찾기만 하면 된다. 보통의 정의에 따라 호 ahc의 현이라 불리는 선분 ac를 이용하여 점 f를 쉽게 찾을 수 있다.

왜냐하면 중심 e 및 ac와 같은 구간으로 호 lfk를 그리면, 두 호 eif와 lfk의 교점이 바로 구하는 점 f가 되기 때문이다.

그 다음, D와 f를 지나는 직선 DfF를 그어서, 각 ABC와 같은 각 FDE를 구한다. 이것은 삼각형 Bac, Dfe가 그 모든 부분들에 있어 완전하게 합동이기 때문에 분명하다(26절).

두 각과 한 변은 삼각형을 결정한다.

삼각형 ABC와 합동인 삼각형 FDE(그림 27과 28)를 그리고자 할 때, 변 중 하나, 예컨대 BC만을 측정할 수 있다면 각 ABC와 ACB에 의존한다. DE를 BC와 같게 그리고, AB, AC가 BC와 만드는 두 각과 똑같은 각을 DE와 만들도록 직선 FD와 FE를 놓는다. 이때 이 두 직선의 교점에 의해 삼각형 ABC와 합동인 삼각형 FDE를 얻는다. 이 조작이 가정하는 원리는 그 자체로 아주 간단하여 증명할 필요가 없다.

이등변삼각형은 두 변의 길이가 같은 삼각형이다. 이 두 변이 밑변과 이루는 각은 서로 같다.

삼각형 ABC(그림 31)의 세 변 중 밑변 BC만을 측정할 수 있고, 한편 이 삼각형이 이등변삼각형, 즉 두 변 AB와 AC가 같다는 것을 안다면, 두 각 ABC, ACB 중 하나를 측정하는 것으로 충분하다는 것은 분명하다. 왜냐하면 두 각은 서로 같기 때문이다.

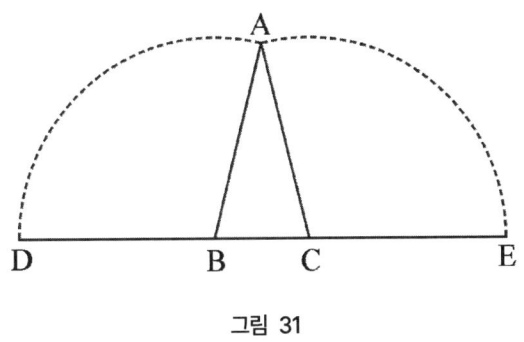

그림 31

삼각형 ABC의 두 변 AB, AC를 우선 밑변 BC의 연장선인 BD와 CE 위에 누인 다음, 점 A에서 그 양 끝점을 다시 만나게 하기 위해 일으켜 세운다고 가정할 때, 어떤 일이 일어날까 생각해보면 그 이유를 쉽게 알 수 있다. 두 변이 같다는 사실은 한 변이 다른 변보다 더 나아가지 못하도록 한다. 따라서 그것들은 연결되면서 밑변 BC에 대해 같게 기울어져 있다. 따라서 각 ABC는 각 ACB와 같다.

32

토지 측량으로 돌아와서, 그 내부에서 만날 수 있는 장애물이 무엇이든 간에 앞의 방법에 의해, 측정하고자 하는 공간을 분할하는 모든 삼각형을 장애물이 없는 땅 위로 옮기는 것은 쉬운 일임을 볼 것이다. 예를 들어, 모양이 ABCDEFG(그림 32)인 숲을 측정하고자 한다고 가정하자.

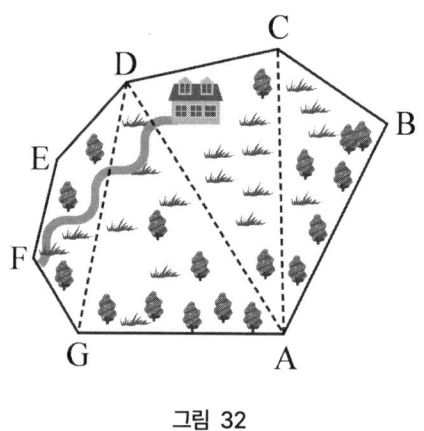

그림 32

우선 ABC와 합동인 삼각형을 그린다. 이것은 두 변 AB, BC와 끼인 각 CBA를 측성함으로써 이 삼각형의 내부에 들어가지 않고 할 수 있는 것이다.

이 삼각형을 그리고 나면 각 BCA와 AC의 길이를 알 수 있고, 바깥 변 DC를 측정할 수 있기 때문에 삼각형 CAD에서 변 DC와 CA를 갖게 된다. 각 DCA(그림 32)는 우선 각 IKL(그림 33)을 각 DCB와 같게 잡고, 그 다음 각 LKO를 각 BCA와 같게 잡아서 구한다. 두 각의 차인 각 IKO가 구하는 각 DCA와 같은 각이다.

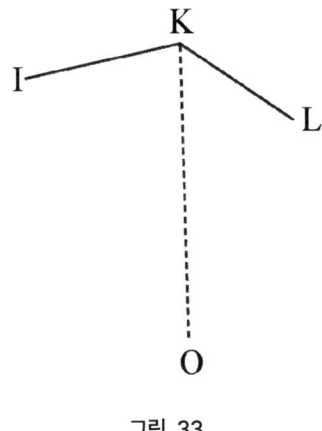

그림 33

삼각형 ADC는 이와 같이 두 변 DC, CA와 그 끼인 각 DCA로 결정되며, 마찬가지로 삼각형 DAG와 도형의 나머지 부분도 알 수 있다.

내부에 선을 긋지 못하는 토지를 측량하기 위해 방금 했던 방법은 종종 실행상의 큰 어려움을 초래한다. 측정하고자 하는 토지를 분할하는 삼각형과 합동인 삼각형을 그릴만큼 충분히 큰 한 덩어리의 자유로운 공간을 발견하는 경우는 드물다. 그리고 그러한 공간을 찾았다 할지라도 삼각형의 변이 너무 길어 조작이 어려울 수 있다. 한 직선으로부터 불과 500미터만 떨어져도 그 지점에서 직선에 수선을 내리는 것은 지극히 어려운, 아마도 실행 불가능한 작업일 것이다. 따라서 이 거대한 조작을 보완할 방법을 찾는 것이 중요하다.

그 방법은 그 자체로부터 나타났다. 측정하려는 도형 ABCDE(그림 34)를 예컨대 변 AB가 100미터라면 변 ab는 100밀리미터, 변 BC가 45미터라면 변 bc는 45밀리미터로 하는 보다 작은 닮은 도형 abcde(그림 35)로 표현하고, 이어서 축소된 도형 abcde의 넓이가 60000제곱밀리미터라면 도형 ABCDE의 넓이는 60000제곱미터가 틀림없다는 생각이 즉시 떠오른다.

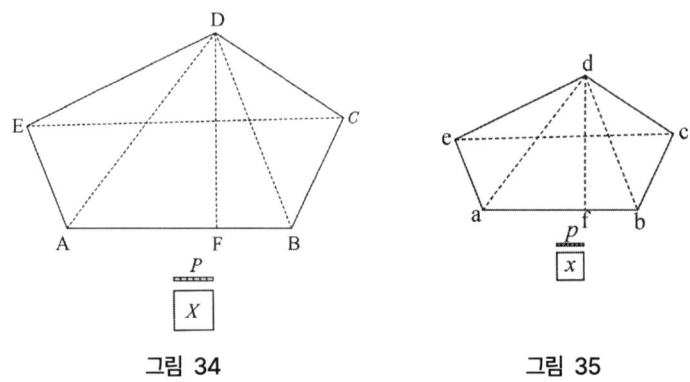

그림 34   그림 35

그러나 모든 것에 앞서 두 도형의 닮음이 어떤 것인지 알아야 한다.

두 도형의 닮음은 어떤 것인가.

두 도형 ABCDE, abcde가 닮음이려면, 큰 쪽의 각 A, B, C, D, E가 작은 쪽의 각 a, b, c, d, e와 같아야 하고, 뿐만 아니라 작은 쪽의 변 ab, bc, cd 등은 큰 쪽의 변 AB, BC, CD 등이 부분 P를 포함하는 만큼 부분 p를 포함해야 한다는 것을 조금만 생각하면 알 수 있다.

이 두 번째 조건을 표현하기 위해 기하학자들은 다음과 같이 말한다. 변 AB, BC, CD 등은 변 ab, bc, cd 등에 비례해야 한다. 또는 변 AB는 BC가 bc를 포함하는 것과 같은 방식으로 ab를 포함해야 한다. 또는 변 AB는 ab에 대해, BC가 bc에 대해 큰 만큼 커야 한다. 또는 AB와 ab의 비는 BC와 bc의 비와 같아야 한다. 또는 AB 대 ab는 BC 대 bc이어야 한다. 모든 표현 방법이 같은 것을 나타내지만, 기하학자들의 언어를 이해하기 위해서는 친숙해질 필요가 있다.

닮은 도형을 그리는 방법

두 도형의 닮음이 어떤 것인지 본 후에, 닮은 도형을 그리기 위해 가장 자연스럽게 제시되는 방법이 무엇인지 찾아보자. 이를 위해 어떤 도형을 축소하여 베끼고자 하는 제도공을 떠올려 보자.

우선 베낄 도형 ABCDE의 밑변 AB를 나타내기 위해 ab를 잡고, ae, bc의 길이 대 ab의 길이가 AE, BC의 길이 대 AB의 길이인지 살펴보면서, 예를 들어 말하자면, AE가 AB의 반이라면 ae를 ab의 반과 같게 하고, BC에 상대적으로 bc의 길이를 결정하기 위해 마찬가지 방법을 이용하면서, AE와 BC가 AB에 기운 것과 같은 방법으로 변 ae와 bc를 ab에 기울게 그린다.

점 e와 c가 그렇게 결정되면, ED와 CD가 EA와 CB에 기운 것과 같은 방식으로 두 직선 ed와 cd를 ea와 cb에 기울어지도록 긋는다. 이 두 직선을 d에서 서로 만날 때까지 연장하여 도형 abcde를 완성한다.

이제 이 작도에 대해 생각해보면 그것이 각 E, A, B, C와 각 e, a, b, c 사이의 상등과 변 EA, AB, BC와 변 ea, ab, bc의 비례 관계에만 의존한다는 것을 알 수 있다. 이와 같이 그 도형은 각 D와 같은 각 d나 변 ED, CD에 비례하는 변 ed, cd를 잡지 않고도 완성된다. 다시 생각해보면, 우선 각 d가 각 D와 실제로 같지 않고 변 ed, cd도 변 ED, CD에 비례하지 않아서, 결과적으로 도형 abcde가 도형 ABCDE에 완전하게 닮음은 아니라고 의심스러워할 수 있다. 그러나 단지 확신할만한 경험만 있다면 이러한 의심은 곧 순화될 것이다. 우리가 조금만 주의를 기울이면, 각 D와 d의 상등과 변 ED, CD와 ed, cd의 비례 관계가 네 각 E, A, B, C와 e, a, b, c 각각의 상등과 세 변 EA, AB, BC와 ea, ab, bc의 비례 관계로부터 필연적으로 야기된다는 것을 알 수 있다.

그러나 모든 의심을 물리치기 위해, 두 도형의 닮음이 요구하는 모든 조건은 반드시 일부 조건에 달려 있음을 보이도록 하자. 간편한 방법은, 먼저 가장 간단하면서 다른 모든 도형의 합성에 반드시 들어가는 도형인 삼각형을 조사함으로써 닮은 도형의 모든 성질 및 사용으로 이끄는 것이다.

삼각형의 두 각이 다른 삼각형의 두 각과 같다면, 나머지 각도 서로 같다.

밑변 ab(그림 36) 위에 삼각형 ABC(그림 37)의 각 CAB, CBA와 같은 각 cab, cba만을 잡아서 삼각형 abc를 그린다고 가정하자. 우선, 셋째 각 acb가 각 ACB와 같다고 확신할 것이다.

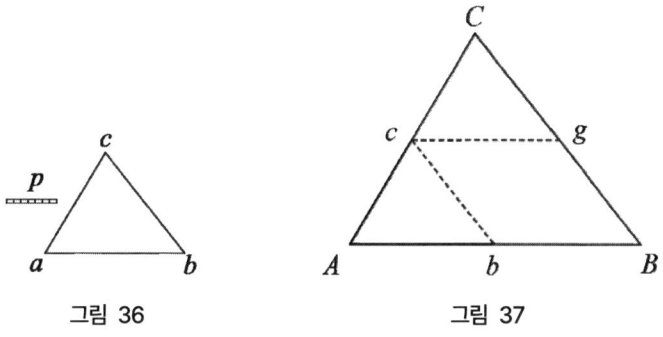

그림 36   그림 37

점 a가 점 A에, ab가 AB에, ac가 AC에 놓이는 방식으로 삼각형 abc가 삼각형 ABC에 놓인다면, cb는 CB에 평행할 것이 분명하다. 왜냐하면 변 cb의 연장선이 변 CB와 만난다면, 즉 두 직선이 AB에 대해 같지 않게 기운다면, 결과적으로 각 cba와 CBA는 같지 않게 되고, 이는 가정에 모순되기 때문이다.

각 cba와 CBA가 같다는 사실로부터 직선 cb와 CB가 평행이라는 것이 뒤따르듯이, 이 두 직선이 평행이라는 사실로부터 각 Acb와 ACB가 같다는 것 역시 뒤따른다. 이것이 증명이다.

세 각의 크기가 각각 같은 두 삼각형은 대응변이 비례한다.

이제 세 각의 크기가 같은 두 삼각형 acb와 ACB에서 대응변이 비례함을 보이도록 하자.

우리의 아이디어를 정확하게 하기 위해, 우선 ab가 AB의 반이라고 가정하자. 이제 ac 역시 AC의 반이고 bc 역시 BC의 반임을 증명해야 한다. 앞 절에서처럼, acb를 Acb의 위치에 놓고, AB에 평행하게 cg를 긋는다면, 이 선분은 bB 또는 Ab와 같고, gB는 마찬가지로 cb와 같음이 분명하다. 그런데 각 cgC와 Ccg는 분명히 각 cbA, cAb와 같으므로 삼각형 Ccg는 삼각형 cAb와 합동이다(30절). 그러므로 Cc는 Ac와 같고 Cg는 cb 또는 gB와 같게 된다. 따라서 Ac, 즉 ac는 AC의 반이고 cb는 CB의 반이다(그림 36과 37).

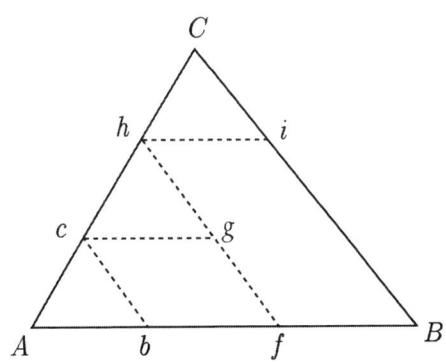

그림 38

만약 ab가 AB에 세 번, 네 번, 아니 원하는 회수만큼 포함된다면, ac는 AC에, cb는 CB에 같은 회수만큼 포함된다는 것을 증명하는 것은 마찬가지로 쉬운 일이다. 왜냐하면 밑변 AB의 분할점 b, f로부터 BC에 평행인 bc, fh를 그음으로써, 삼각형 acb, Acb와 합동인 세 개, 네 개의 삼각형 Acb, chg, hCi 등을 AC를 따라 놓을 수 있기 때문이다(그림 38).

그러나 ab(그림 36과 39)가 AB에 정확히 정수 번 포함되는 대신에 분수 있는 수만큼, 예컨대 두 번 반만큼만 포함된다면, ac 역시 AC에 두 번 반, bc 역시 BC에 두 번 반만큼 포함된다는 것을 증명한다.

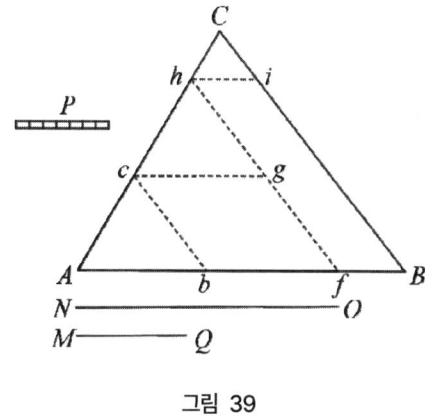

그림 39

평행선 bc, fh를 이용하여 acb와 합동인 두 삼각형 Acb, chg를 AC를 따라 놓을 때, 두 평행선 hf와 CB 사이에 각 변이 cAb의 각 변의 반인 삼각형 Chi를 놓을 만한 여지가 남게 된다. 이는 분명하다. 왜냐하면 가정에 의해 fB는 Ab의 반이고, 평행선 hf, CB 때문에 삼각형 Chi의 밑변 hi는 fB와 같기 때문이다. 따라서 일반적으로, 두 삼각형 ABC, abc의 세 각의 크기가 각각 같을 때, 닮은 삼각형이라 불리는 두 삼각형의 대응변은 비례한다. 또는 전적으로 같은 말인데, 그중 한 삼각형 ABC의 변 AB, BC, AC는 다른 삼각형 abc의 변 ab, bc, ac가 부분 p를 포함하는 만큼 같은 수의 부분 P를 포함한다. P는 센티미터, 미터 등 일반적으로 ABC를 그릴 때 사용한 척도이고, p는 abc를 그리면서 사용한 척도이다.

선분을 원하는 만큼 등분하기

우리가 방금 증명한 명제로부터 실생활에서 자주 이용되는 문제의 해법을 자연스럽게 유도할 수 있다.

어떤 선분을 주어진 수만큼 등분하는 문제이다. 사실상 이는 시행착오에 의해 가능하다. 그러나 기하학적 정확성이 부여하는 다음과 같은 확신은 결코 갖지 못한다.

예컨대 AB(그림 38)를 3등분 해야 한다고 가정하자. AB와 함께 임의의 각을 만드는 무한정 뻗은 직선 AC를 그리면서 시작한다. 그리고 나서 임의로 벌린 컴퍼스로 이 직선 위에 세 개의 같은 부분 Ac, ch, hC를 잡는다. 그 다음 CB를 긋고 이 직선에 평행인 cb, hf를 긋는다. 그럼으로써 AB는 점 b와 f에서 잘리어 3등분된다. 이것은 앞 절에 의해 분명하다.

세 선분에 비례하는 넷째 선분이 무엇인지, 그리고 그것을 찾는 방법

어떤 선분을 $2\frac{1}{2}$, $3\frac{1}{4}$ 등과 같이 분수 개의 부분으로 나누거나, 또는 일반적으로 선분 AB를 AB 대 Ab가 선분 NO 대 선분 MQ와 같도록 점 b(그림 39)에서 나누고자 한다면, 우리는 이 문제의 해법 역시 39절에 달려있음을 알 수 있다. 다시 말해, A를 지나는 임의의 직선을 그어, 이 직선 위에 MQ, NO와 각각 같게 Ac, AC를 잡고, 그 다음 CB에 평행인 cb를 그려야 한다. 이때 점 b가 구하는 점이다.

    기하학자들은 우리가 방금 푼 문제를 다음과 같은 다른 방식으로 진술한다. 세 선분 NO, MQ, AB에 대해 비례하는 넷째 선분을 찾아라.

닮음 삼각형의 높이는 변에 비례한다.

두 닮은 삼각형 ABC와 abc(그림 40과 41)는 그 변이 비례할 뿐만 아니라, 꼭짓점 C, c로부터 밑변 AB, ab에 내린 수선 CF, cf 역시 변의 비를 따를 것이 분명하다. 이것은 앞에 나온 것에 의하면 증명하기 매우 쉬우므로, 우리는 여기서 멈추지 않을 것이다.

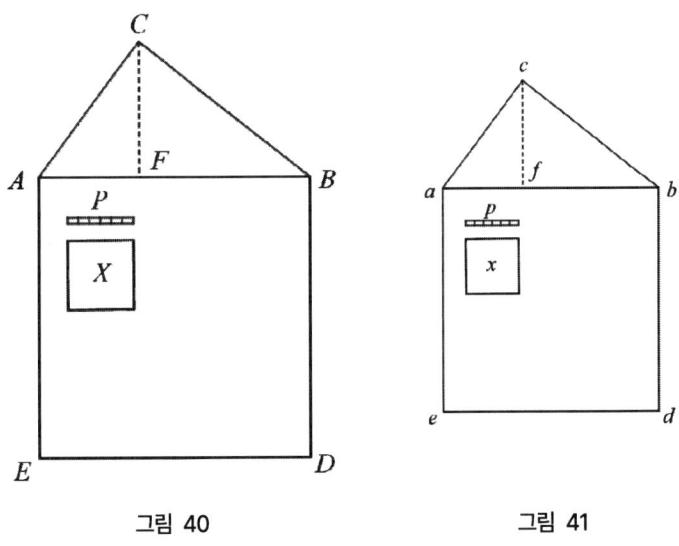

그림 40   그림 41

닮은 삼각형 ABC, abc의 넓이에 관한 한, 전자의 넓이는 후자의 넓이가 척도 p 위에 만들어진 정사각형 x를 포함하는 만큼, 척도 P위에 만들어진 정사각형 X를 포함한다는 것을 안다. 왜냐하면 앞 절에 의해 CF와 AB는 cf와 ab가 부분 p를 갖는 만큼 부분 P를 갖기 때문에, ABC의 넓이(14절)인 CF와 AB의 곱의 반은 abc의 넓이인 cf와 ab의 곱의 반으로부터 비롯되는 것과 같은 수를 주기 때문이다. 그러나 차이가 있다면, CF와 AB가 부분 P로 세어지므로 그 곱은 정사각형 X로 세어지고, 부분 p로 세어지는 cf와 ab의 곱은 정사각형 x로 세어진다는 것이다.

닮은 삼각형의 넓이비는 대응변의 정사각형의 비[12]와 같다.

우리가 닮은 삼각형의 넓이에 대해 방금 말했던 것은 <기하학 원론>에서 보통 다음과 같이 진술되는 한 명제의 증명이 된다. 닮은 삼각형 ABC, abc의 비는 대응변 AB, ab의 정사각형 ABDE, abde의 비와 같다.

앞 절이 함축하는 증명은 반드시 다음 결과로 이끈다. 정사각형 ABDE는 abde가 x를 포함하는 만큼 X를 포함하기 때문에, 정사각형

---

[12] 'carré'는 기하적으로는 정사각형, 대수적으로는 제곱을 말하는데, 수학사상 두 의미가 동일시된 것을 고려할 때, 이 명제를 오늘날 친숙한 방식으로 진술하면 '닮은 삼각형의 넓이비는 대응변의 제곱비와 같다'이다. 마찬가지로 제3장에서 'rectangle'은 직사각형인 동시에 곱을 의미한다.

ABDE에 대한 삼각형 ABC의 비를 표현하는 정사각형 X의 두 수가 정사각형 abde에 대한 삼각형 abc의 비를 나타내는 정사각형 x의 두 수와 같다는 것은 분명하다. 또는 달리 말하면, 삼각형 ABC 대 정사각형 ABDE는 삼각형 abc 대 정사각형 abde이다.

이상으로부터, 예컨대 변 AB가 변 ab의 2배라면 삼각형 ACB는 삼각형 acb의 4배이고, AB가 ab의 3배라면 삼각형 ACB는 삼각형 acb보다 9배 크다. 왜냐하면 정사각형 ABDE가 정사각형 abde의 4배, 9배일 경우에만 AB가 ab의 2배, 3배일 수 있기 때문이다.

삼각형의 닮음으로부터 유도되는 닮은 도형의 성질

이제 삼각형으로부터 다른 도형으로 넘어가기 위해 닮은 삼각형 ABD, abd(그림 34와 35)의 각각에 두 개의 삼각형 ADE와 BDC, ade와 bdc를 붙이는데, 앞의 두 개가 다른 두 개에 닮음이라고 가정하자. 전체 도형 ABCDE, abcde에서 다음을 알 수 있다.

1. 각 A, B, C, D, E는 각 a, b, c, d, e와 같다. 이는 명확하다. 왜냐하면 서로가 닮은 삼각형의 대응각이거나 또는 그 대응각들이 합쳐진 각이기 때문이다.
2. 도형 ABCDE, abcde의 대응변 DE와 de, BC와 bc 등의 비가 반드시 같다는 것을 알 수 있다. 다시 말해 예컨대 P가 밑변 AB에 어떤 수만큼 있고 p가 ab에 같은 수만큼 있다면, P와 p는 임의의 두 대응변 DE와 de에도 역시 어떤 같은 수만큼 포함된다. 왜냐하면

삼각형 ABD, abd의 닮음 때문에 AD가 포함하는 P의 양은 ad에 포함되는 p의 양과 같고, 따라서 이 변들을 닮은 삼각형 ADE, ade의 밑변으로 보면 DE에 포함되는 부분 P의 수는 변 de가 포함하는 부분 p의 수와 같기 때문이다.
3. 두 도형에 CE, ce 또는 수선 DF, df 등과 같이 대응하는 선분을 그으면, 이 선분들은 항상 두 도형의 대응변과 같은 비가 성립함도 알 수 있다.

그러므로 도형 ABCDE, abcde는 그 모든 부분에 있어 완전히 닮음이다.

이와 같이 그린 도형 abcde는 도형 ABCDE와 완전하게 닮음이므로 abcde와 완전히 합동인, 따라서 ABCDE와도 닮음인 도형을 새로 그리고자 한다면, 분명히 abcde의 모든 변과 모든 각을 측정할 필요는 없다. 예컨대 세 변 ab, ea, bc와 네 각 e, a, b, c를 잡는 것으로 충분하다. 이것만으로 ABCDE와 닮음인, abcde와 똑같은 도형을 다시 그릴 수 있음을 확신한다. 이는 가정만 했던 것(37절)을 완전히 증명한 것이다. 그러나 그 이상으로 나아갈 수 있다. 왜냐하면 어떤 도형에서든 그에 비례하는 다른 도형을 그리기 위해 반드시 측정해야 하는 각과 선분의 개수를 조합하는 여러 가지 방법이 있기 때문이다. 독자가 지루해하지 않도록 더 상세히 다루지는 않을 것이다.

닮은 도형의 넓이비는 대응변의 정사각형의 비와 같다.

우리는 43절에서 한 것과 유사한 추론에 의해 도형 ABCDE가 포함하는 정사각형 X의 수가 도형 abcde에 포함되는 정사각형 x의 수와 같음을 증명할 수 있을 것이다. 따라서 닮은 도형들의 넓이비는 대응변의 정사각형의 비와 같다.

닮은 도형들은 그것을 그리는 척도에 의해서만 구별된다.

지금까지 닮은 도형에 대해 말한 모든 것은 단 하나의 원리로 환원될 수 있다. 닮은 도형들은 그것을 그리는 척도에 의해서만 구별된다.

이제 편리하게 조작할 수 없는 토지를 측정하기 위해 닮은 삼각형과 축도를 그려야 하는 용도를 더 잘 느끼기 위해, ABCDEF(그림 42와 43)가 넓이를 알고자 하는 공원이나 연못의 둘레를 나타낸다고 생각하자. 우선 도형의 변 중 하나, 예컨대 FE를 측정하여, 이 변이 몇 미터[13]인지 알 수 있다. 이어서 원하는 척도를 택하여 판자 또는 종이 위에 FE가 포함하는

미터 수만큼 택한 척도를 갖도록 선분 fe를 긋는다. 그 다음에 각 DEF, DFE와 같은 각 def, dfe를 그려서 삼각형 edf를 얻고, df에 수선 eg를 내린다. 이렇게 한 다음, 택한 척도를 이용하여 선분 df와 eg를 재어 이 선분들이 축소된 부분을 포함하는 만큼 DF와 EG가 미터를 포함한다고 결론 내린다. 그리하여 DF와 EG의 반을 곱함으로써 삼각형 EDF의 넓이를 얻으며, 같은 방법으로 나머지 삼각형 DCF, BCF, ABF 각각을 측정하여 전체 도형의 넓이를 결정한다.

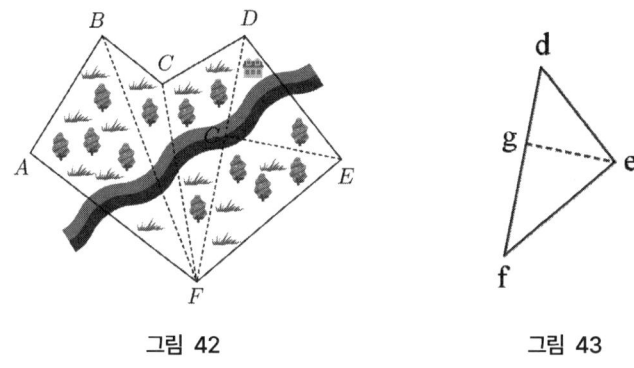

그림 42   그림 43

접근 불가능한 장소의 거리를 측정하는 방법

서 있는 지점 F에서 다른 장소까지 거리를 재야 하는데, 어떤 장애물이 있어 가로지를 수 없는 경우가 실제로 종종 있다. 새로운 문제이지만, 그러나 그 해법은 앞 절에서 이미 보았다. DF를 측정하기 위해서는 삼각형

---

13) 원문에는 당시 길이의 단위인 toises와 perches로 표현된 것이다. perche는 지방에 따라 다른 길이를 나타냈다고 한다.

def와 DEF의 닮음만을 필요로 하기 때문에, 임의의 밑변 EF를 측정하고 점 F와 E로부터 점 D를 알아볼 수 있다면 문제는 해결되어 거리 FD를 구할 수 있음이 분명하다.

이미 언급한(28절), 두 막대를 점 A에서 묶어 그 둘레로 마음대로 돌릴 수 있는 bAc(그림 44)와 같은 특별한 도구를 사용하는 것은 종종 착오에 처하게 한다. 각의 벌린 정도가 이동 중에 변하거나, 때로는 사용을 용이하게 하기 위해 그 도구에 주어야 하는 형태로 인해 축도가 그려져야 할 평면 위에 그것을 놓을 수 없을 때도 있다.

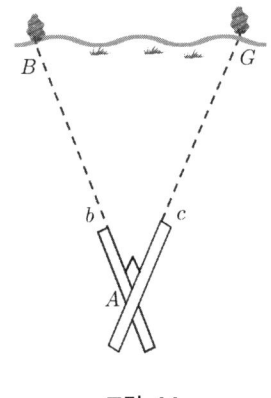

그림 44

이에 덧붙여, 이런 방법으로 각 bAc를 새롭게 잡으면 매번 도구를 다시 종이 위로 옮겨야 한다. 그리고 두 각을 비교하기 위해 우리가 할 수 있는 유일한 방법은, 두 각의 비나 절대적 크기나 어느 것도 정확하게 알지 못하고 하나를 다른 하나에 겹쳐 놓는 것이다.

52

각은 그 변이 자르는 원의 호를 측도로 한다.

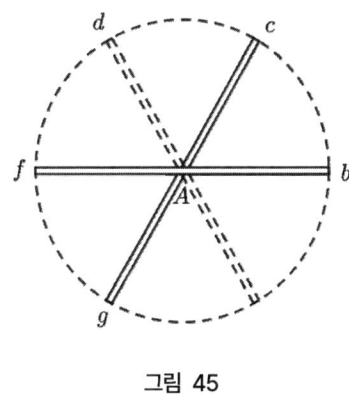

그림 45

길이에 대해서 이미 고정된 측도를 가졌듯이, 각에 대한 고정된 측도를 찾는 것이 필요하였다. 그런데 필요했던 이 측도는 찾기 쉬웠다. Ab(그림 45)를 고정시킨 채 변 Ac를 그것에 댄 다음, 이 변을 A 둘레로 돌린다. 움직이는 막대 Ac의 끝 c에 점 c의 자취를 알려주는 깃펜이나 연필을 붙이면, 원의 호를 이루는 이 자취는 변 Ab, Ac의 특정 벌림마다 정확하게 각의 측도가 될 것이 분명하다. 다시 말해 원의 곡률은 일정하기 때문에 cAb의 2, 3, 4배 벌림에 cb의 2, 3, 4배인 호가 대응하는 것이 필연적이다.

원은 360도로 나뉜다. 도는 60분으로 나뉜다.

따라서 점 c가 한바퀴 회전하여 그린 원주 bcdfg(그림 45)가 임의 개수의 같은 부분들로 나뉜다고 가정하면, 선분 Ac와 Ab가 자르는 호에 포함되는 부분의 수는 이 두 선분이 벌려진 정도, 즉 두 선분이 이루는 각 cAb를 정확하게 측정할 것이다.

기하학자들은 원을 우리가 '도'라고 부르는 360부분으로, 도를 60분으로, 분을 60초로 나누기로 합의하였다. 따라서 예컨대 각 bAc는 그것의 측도가 되는 호 bc가 원의 360부분 중 70개에다가 1도의 60부분 중 20개를 더 갖는다면 70도 20분이 된다.

직각은 90도이고, 그 변은 서로 수직이다.

이상으로부터 보통 직각이라 불리는 90도의 각 CAB(그림 46)는 변 AC와 AB가 원주의 $\frac{1}{4}$인 BC를 자르고, 서로 수직인 각이라는 사실이 뒤따른다.

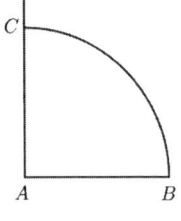

그림 46

예각은 직각보다 작다.

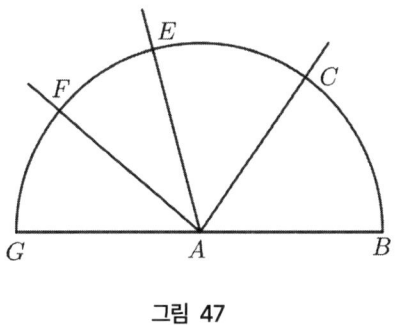

그림 47

직각보다 작은 각, 즉 90개보다 적은 도를 갖는 모든 각을 예각이라 부른다. 각 CAB, FAG, EAG(그림 47)가 그러하다.

둔각은 직각보다 크다.

반대로 각 FAB처럼 90개보다 많은 도를 갖는 각을 둔각이라 한다.

한 직선 위에서 공통변을 갖고, 같은 꼭짓점을 갖는 각들의 합은 180도이다.

GAF, FAE, EAC, CAB와 같이 한 직선 GB 위에서 공통변을 갖고, 같은 꼭짓점 A를 갖는 각들은 모두 합하여 원주의 반으로 측정되는 180도, 즉 2직각과 같은 것이 분명하다.

한 점의 둘레에 만들 수 있는 모든 각은 합하면 4직각과 같다.

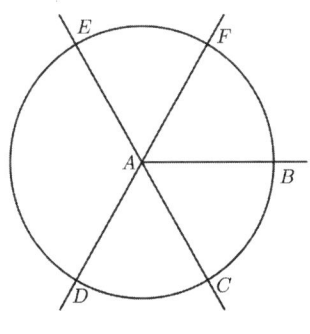

그림 48

게다가 공통 꼭짓점이 되는 점 A의 둘레에 만들 수 있는 각 EAF, FAB, BAC, CAD, DAE(그림 48)의 총합은 완전한 원주 BCDEF로 측정되는 360도, 즉 4직각과 같다.

각의 크기를 재기 위한 '반원'이라는 도구의 사용

각이 원의 부분을 측도로 한다는 사실을 발견한 후에, 측정하고자 하는 각이 도를 얼마나 포함하는지 결정하기 위해 어떻게 해야 할지 알아보자.

반원이라 불리는 도구 I(그림 49)를 이용한다. 이 도구는 A에서 교차되고 조준의가 양끝에 달려 있는, 같은 길이의 두 개의 자 EAC, DAB로 이루어져 있다. 이 두 개의 자중 하나인 EC는 조준기라 불리며 A의 둘레로 움직이고, 다른 하나인 DB는 고정되어 있어 180도로 나뉘어진 반원 DCB의 지름이 된다.

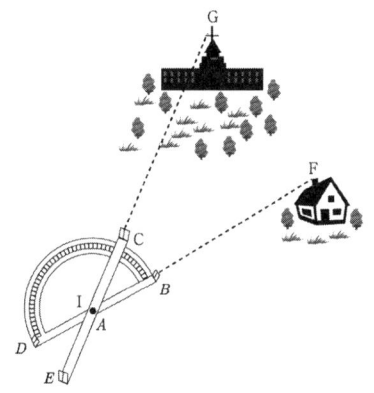

그림 49

이제 우리가 있는 지점에서 임의의 두 대상 F, G까지 그어진 두 직선이 이루는 각을 알고자 한다. 우선 고정된 자 DAB를 D에 댄 눈이 두 대상 중 하나인 F를 두 조준의 D와 B를 통해 보는 방식으로 놓는다. 그 다음 도구를 움직이지 말고, E에 눈을 대고 조준의 E와 C를 통해 다른 대상 G가 보일 때까지 조준기를 돌린다. 그때 조준기는 반원의 눈금을 가리켜 문제의 각 GAF가 포함하는 도, 분 등의 개수를 나타낸다.

각도가 정해진 각을 그리기 위한 각도기의 사용

종이 위에 각도가 정해진 어떤 각을 그리고자 한다면, 각도기 또는 운반기라고 불리는 180도로 나뉜 도구 K(그림 50)를 이용한다. 중심 A를 그리고자 하는 각의 꼭짓점 위에, 그리고 선분 AB를 각의 한 변으로 잡은 선분 AG 위에 놓고, 문제의 각에 주고자 하는 도의 개수에 해당하는 점 C를 표시한다. 그리고 나서 이 점과 중심 A를 지나는 직선 ACO를 그으면 그리고자 했던 도수를 포함하는 각 OAG를 얻는다.

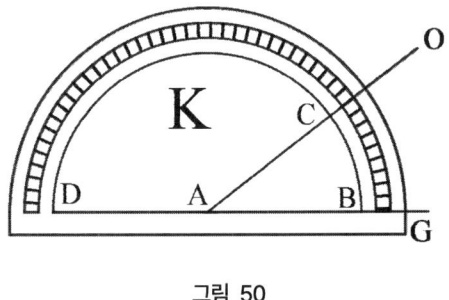

그림 50

이제 종이 위에 한 밑변 FG를 잡아 이 밑변 위에 땅에서 잡은 삼각형 ABC와 닮음인 삼각형 FGH를 그리려 한다고 가정하자(그림 51과 52). 각 CAB, CBA가 각각 몇 도인지 알기 위해 반원을 이용한다. 그리고 나서 각도기를 이용하여 각 HFG, HGF를 각각 CAB, CBA와 같도록 그린다. 그러면 이 조작에 의해 변 FH와 GH가 만나는 점 H, 결국 각 FHG가 반드시 결정되기 때문에, 삼각형 ABC와 완전히 닮은 삼각형 FGH를 얻게 된다.

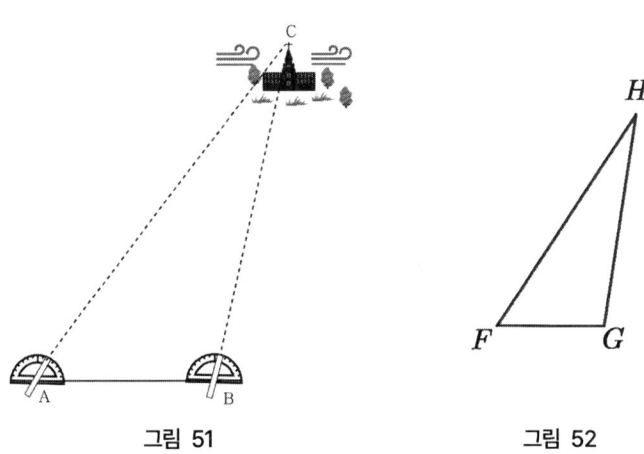

그림 51   그림 52

이미 말한 바와 같이, 실제로 각을 정확하게 측정하는 것이 중요하기 때문에, 가장 완전한 도구일지라도 각을 재는 것에 만족해서는 안 된다. 필요하다면 수정하기 위해 그 측도를 확인할 수단을 다시금 찾아야 한다. 그런데 이 수단은 간단하고 용이하다. 삼각형 ABC를 다시 잡자. 우리는 각 C의 크기가 각 A와 B의 크기로부터 비롯된다는 것을 안다. 왜냐하면 이 두 각을 크게 또는 작게 하면 선분 AC, BC의 위치는 변하고, 결과적으로 이 두 선분이 만드는 각 C도 변하기 때문이다. 따라서 이 각이 각 A와 B의 크기에 좌우된다면, 각 A와 B가 몇 도인가 하는 것이 각 C가 포함해야 하는 도수를 결정한다고 추정할 것이다. 따라서 그것은 각 A와 B를 결정하기 위해 했던 조작에 확증이 될 수 있다. 왜냐하면 이어서 각 C를 재고, 그것이 각 A와 B의 크기에 상대적으로 적합한 도수임을 확인한다면, 각 A와 B를 잘 측정했다고 확신할 것이기 때문이다.

각 A와 B의 크기로부터 각 C의 크기를 어떻게 결론지을 수 있는지 알기 위하여, 선분 AC와 BC가 서로 접근하거나 멀어지면 이 각에 어떤 일이 생기는지 조사해 보자. 예컨대 BC(그림 53)가 점 B 둘레로 돌면서 AB로부터 멀어지고 BE에 접근한다고 가정하자. BC가 도는 동안 각 B는 계속 열리는 반면 각 C는 점점 좁혀지는 것이 분명하다. 우선 가정할 수 있는 것은, 이 경우에 각 C의 감소분이 각 B의 증가분과 같으며, 따라서 선분 AC, BC의 AE에 대한 기울기가 어떻게 되어도 세 각 A, B, C의 합은 항상 일정하다는 것이다.

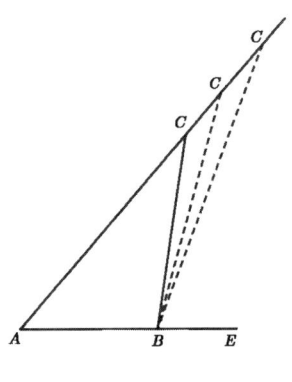

그림 53

엇각은 두 평행선과 만나는 한 직선이 양쪽에서 형성하는 뒤집힌 각이다. 이 각은 서로 같다.

가정한 이 귀납적 결론은 증명을 수반한다. AC에 평행인 ID(그림 54)를 그으면 첫 번째로, 엇각이라 불리는 각 ACB, CBD가 같음을 보게 된다. 이것은 분명하다. 왜냐하면, 직선 AC, IB가 평행하므로 CBO에 대해 같게 기울어 있고, 따라서 각 IBO는 각 ACB와 같다. 그런데 직선 ID는 CO에 대해 한 쪽이 다른 쪽보다 더 많이 기울지 않기 때문에 각 IBO는 각 CBD와도 같다. 따라서 각 IBO와 같은 각 DBC는 그 엇각 ACB와 같다.

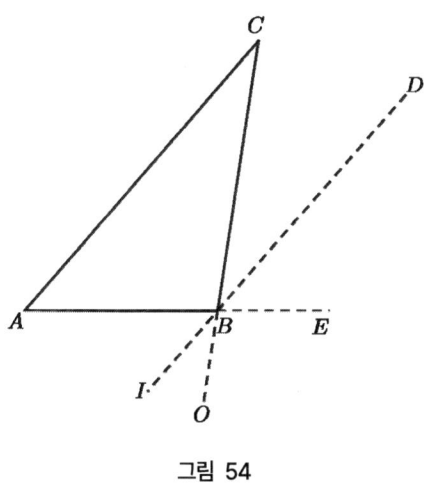

그림 54

삼각형의 세 각의 합은 2직각과 같다.

두 번째로, 평행선 CA와 DB 때문에 각 CAE(그림 54)가 각 DBE와 같음을 알 수 있다. 따라서 이 삼각형의 세 각은 각각의 꼭짓점이 점 B에서 합쳐지며 서로 옆에 놓일 수 있고, 그러면 세 각 CAB, ACB, CBA와 같은 각 DBE, CBD, CBA는 2직각과 같음을 알 수 있다(57절). 우리가 방금 말한 것은 모든 삼각형에 적용될 수 있기 때문에, 삼각형의 세 각의 합은 일정하며 그 합은 2직각, 즉 180도와 같다는 일반적인 성질을 확신할 것이다.

따라서 삼각형의 두 각을 측정했을 때 세 번째 각의 크기를 결론짓기 위해, 180도에서 두 각을 합한 도수를 덜어내야 한다. 이 성질은 삼각형의 각의 측도를 확인하는 매우 편리한 방법을 제공하며, 앞으로 학습하면서 그 성질의 다른 유용성을 무한정 볼 것이다. 여기서는 가장 즉각적인 결과들을 이끌어내는 데 만족할 것이다.

삼각형은 기껏해야 한 개의 직각을 갖는다. 보다 강력한 이유에서 기껏해야 한 개의 둔각을 갖는다.

삼각형의 세 각 중 하나가 직각이면, 나머지 두 각의 합은 항상 직각과 같다.

위의 두 명제는 명확해서 증명이 필요 없다.

삼각형의 외각은 두 내대각과 같다.

삼각형 ABC(그림 54)의 한 변, 예컨대 변 AB를 연장하면, 외각 CBE는 두 내대각 BCA와 CAB의 합일 뿐이다. 왜냐하면 각 CBA에 두 각 BCA와 CAB를 더하거나, 또는 각 CBE를 더하거나 그 합은 항상 180도, 즉 2직각(64절)과 같기 때문이다.

이등변삼각형의 한 각만 알면 나머지 두 각을 알 수 있다.

이등변삼각형 ABC(그림 55)의 각 중 하나를 알면 나머지 두 각의 크기를 알 수 있다.

꼭지각 A를 안다고 하자. 삼각형의 세 각의 크기인 180도에서 이 각이 포함하는 도수를 빼면, 남게 되는 합의 반은 밑각 B, C 각각의 크기라는 것이 명백하다.

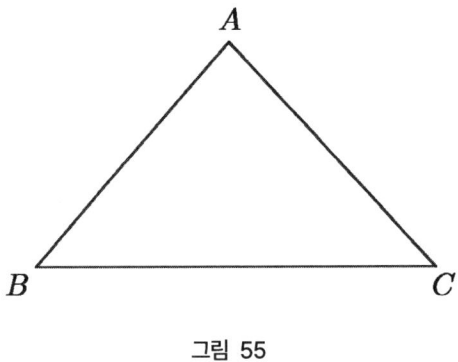

그림 55

만약 알고 있는 것이 두 밑각 B, C 중 하나라면, 그 값의 두 배를 180도에서 빼어 꼭지각 A를 알 수 있다.

정삼각형의 각은 각각 60도이다.

정삼각형은 세 변 각각이 똑같이 밑변이 될 수 있는 이등변삼각형에 불과하므로, 세 각은 같을 수밖에 없고, 각각은 180도의 $\frac{1}{3}$인 60도라는 것이 분명하다.

정육각형의 작도

이상으로부터 우리가 약속했던(24절) 정육각형, 즉 변이 6개인 정다각형의 작도가 쉽게 나온다.

원주를 6등분하는 선분을 찾기 위해, 이 선분은 전체 원주의 크기 360도의 $\frac{1}{6}$인 60도 호의 현이어야 한다. 따라서 AB를 이 현이라 가정하고(그림 56), 중심 I로부터 끝점 A와 B까지 반지름 AI와 IB를 그으면, 각 AIB는 60도이다. 그리고 두 변 AI와 IB는 같기 때문에 삼각형 AIB는 이등변삼각형이다. 그런데 꼭지각이 60도이므로 다른 두 각 역시 각각 120의 반인 60도에 해당한다. 따라서 삼각형 AIB는 정삼각형이다(70절). 따라서 AB는 원의 반지름과 같다. 이로부터 정육각형을 그리기 위해 컴퍼스를 반지름과 같은 간격으로 벌리고 원주 위에 연이어 6번 옮겨서, 정육각형의 6개의 변을 구할 수 있다는 사실이 뒤따른다.

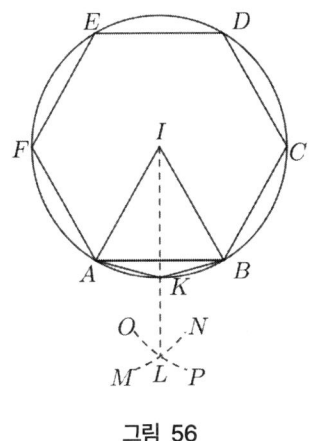

그림 56

정육각형의 중심각의 반은 정십이각형의 중심각을 준다.

   정육각형 ABCDEF를 그리면 정십이각형, 즉 변이 12개인 정다각형을 쉽게 그릴 수 있다.

   이를 위해 호 AKB(그림 56) 또는 각 AIB를 이등분하면, 호 AKB의 반의 현인 AK가 정십이각형의 한 변이 된다.

각을 이등분하기

호 AKB를 호 AK와 KB로 이등분하기 위해 현 AB를 이등분하는 것과 동일한 조작을 한다. 다시 말해, 점 A와 B를 중심으로 하여 임의의 구간으로 호 MLN, OLP를 그리고, 이어서 두 호의 교점 L과 중심 I를 지나는 직선 LI를 그으면, 이것이 호 AKB와 현 AB를 이등분한다.

변이 24, 48개인 정다각형 그리기

앞의 방법에 따라 호 AK를 이등분하면, 이 두 개의 호 중 어느 한쪽이든 하나의 현은 정24각형의 변이 된다. 마찬가지로 정48각형, 정96각형, 정192각형, …을 얻는다.

정8각형, 정16각형, 정32각형 그리기

이제 정8각형, 즉 변이 8개인 정다각형을 그리기 위해 원 안에 정사각형을 그리는 것으로 시작한다. 우리가 할 것은 수직으로 만나는 두 개의 지름 AIB와 CIE(그림 57)를 그은 다음, 그 끝점들을 선분 AC, CB, BE, AE로 연결하는 것이다.

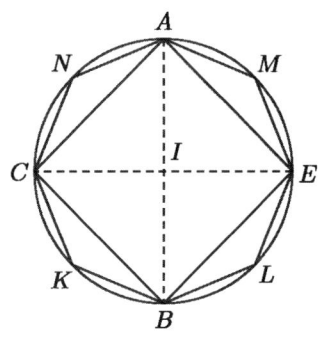

그림 57

원은 반듯하고 수선 AIB, CIE가 이루는 네 각은 모두 같기 때문에, 네 변 AC, CB, BE, EA는 필연적으로 같고, 서로에 대해 똑같이 기운다. 다각형 ACBE는 정사각형일 수밖에 없다.

이런 식으로 정사각형을 그리고 나서, 앞선 방법에 의해 CKB, BLE 등의 호를 각각 이등분한다. 이렇게 하여 정팔각형 CKBLEMAN을 얻는다.

마찬가지로 CK, KB 등의 호를 각각 2, 4, 8…등분하면 정16각형, 정32각형, 정64각형, …을 얻는다.

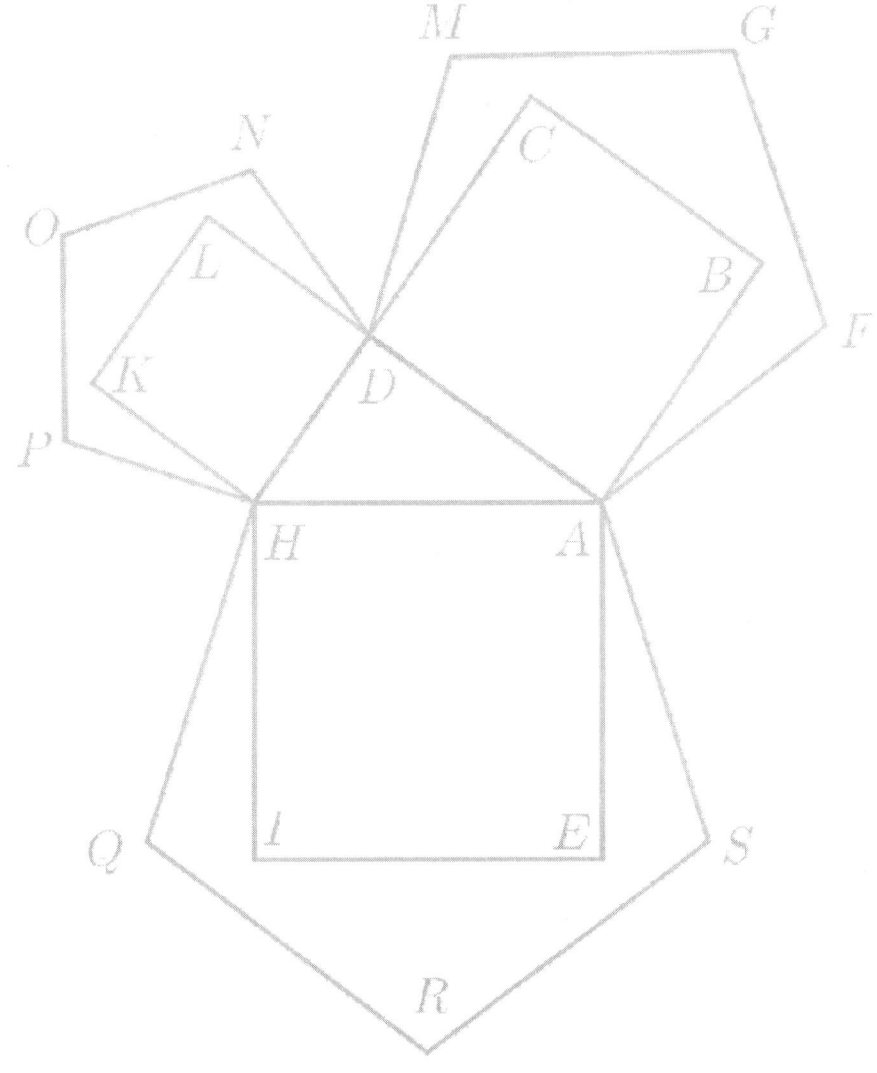

Chapter 2
다각형을 비교하는 기하학적인 방법

어떻게 토지 측량에 이르렀는가를 보여주기 위해 앞에서 말한 내용에 주목한다면, 직선의 위치 관계는 일상에서 가능한 유용성과 별도로 그 자체로 주목받을 만한 고찰을 제공한다는 것을 인식할 것이다. 그리고 이러한 고찰이 초기 기하학자들로 하여금 그들의 발견을 보다 깊이 연구하게 했다고 추측할 수 있다. 왜냐하면 인간은 필요에 의해 연구할 뿐만 아니라 호기심 또한 연구를 자극하는 중요한 동기로 작용하기 때문이다.

또 기하학의 진보에 기여했던 것은, 그것이 없다면 정신이 결코 만족하지 못하는 그러한 엄밀한 정확성을 선천적으로 좋아한다는 사실이다. 또한 도형을 측정하면서 수많은 경우에 자와 반원으로는 선분이나 각의 근삿값만을 구할 수 있다는 것을 알았을 때, 이런 도구들의 결점을 보완할 방법을 찾았다.

여기서 우리는 다각형을 다시 취할 것이다. 그러나 다각형의 정확한 관계를 발견하기 위해 조작할 때, 눈금 없는 자와 컴퍼스만을 이용할 것이다.

여러 개의 닮은 도형을 역시 닮음인 하나의 도형으로 모으거나, 한 도형을 같은 종류의 다른 도형들로 분해할 필요가 종종 있다. 이는 우선 직사각형에 대해 조작하면서 할 수 있는 것이다. 왜냐하면 모든 다각형은 삼각형의 모임일 뿐이며, 각각의 삼각형은 밑변과 높이가 각각 같은 직사각형의 반이기 때문이다.

높이가 같은 두 직사각형은 밑변에 비례한다.

직사각형을 비교하기 위해서는 어떠한 직사각형이든 넓이는 그대로이면서 높이가 다른 직사각형으로 바꿔야 한다. 왜냐하면 두 직사각형이 같은 높이의 두 직사각형으로 바뀌면 그 밑변에 의해서만 구별되기 때문이다. 더 큰 직사각형은 더 긴 밑변을 가진 것이고, 그것은 그 밑변이 더 작은 직사각형의 밑변을 포함하는 것과 똑같은 방식으로 더 작은 직사각형을 포함한다. 보통 다음과 같이 진술하는 것이다. 높이가 같은 두 직사각형은 그 밑변에 비례한다.

이 두 직사각형을 합하기 위해 하나를 다른 것의 옆에 놓기만 하면 된다.

큰 것에서 작은 것을 덜어내는 것 역시 어렵지 않다.

하나의 직사각형을 주어진 개수의 합동인 직사각형들로 나누기 위해, 그 밑변을 같은 개수만큼 등분하고 나서 분할점 위에 수선을 올려야 한다.

한 직사각형을 높이가 주어진 다른 직사각형으로 바꾸는 방법

이제 직사각형 ABCD를 넓이는 그대로 두고 높이가 BF인 다른 직사각형 BFEG(그림 58)로 바꾸고자 하면, 그 넓이가 높이와 밑변의 곱이기 때문에, 구하는 직사각형 BFEG는 높이가 BC보다 크므로 밑변은 AB보다 작아야 한다는 것을 알 수 있다. 다시 말해, BF가 예컨대 BC의 2배라면 BG는 AB의 반이어야 한다.

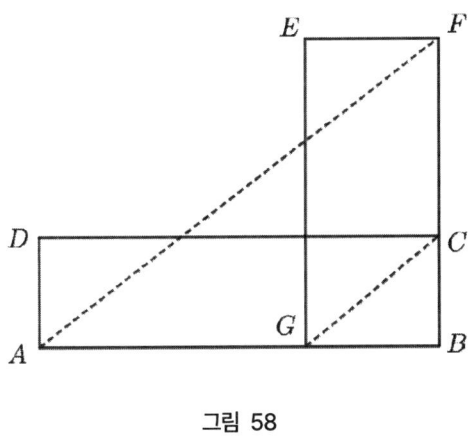

그림 58

BF가 BC의 3배라면, BG는 AB의 $\frac{1}{3}$ 이어야 한다.

마찬가지로 BF가 BC를 정확하게 몇 배 포함하는 대신 $2\frac{1}{3}$ 배처럼 분수 배 포함한다면, 밑변 BG 역시 밑변 AB에 $2\frac{1}{3}$ 배 포함되어야만 직사각형

BFEG가 직사각형 ABCD와 같다는 것을 알 수 있다. 일반적으로 두 직사각형 ABCD와 BFEG가 같기 위해서는 하나의 밑변 BG가 다른 것의 밑변 AB에, 높이 BC가 높이 BF에 포함되는 만큼 포함되어야 한다는 것을 쉽게 알 수 있다.

따라서 AB대 GB가 BF대 BC와 같도록 선분 AB를 나누는 것에 관한 것일 뿐이며, 이를 위해 선분 FA를 긋고, 주어진 점 C로부터 평행선 CG를 그으면 된다(제 1장 41절).

한 직사각형을 높이가 주어진 다른 직사각형으로 바꾸는 두 번째 방법

직사각형 ABCD를 높이가 BF로 주어진 다른 직사각형 BFEG(그림 59)로 바꾸기 위해 앞에 나온 방법보다 덜 자연스럽지만 더 편리한 방법을 이용할 수 있다. AD를, 점 F를 지나 AB에 평행하게 그은 직선 FEI와 만날 때까지 연장하여 그 교점을 I라 한 다음, 대각선 BI를 긋고, 그것이 변 DC와 만나는 점 O를 지나 FB에 평행인 GOE를 긋는다. 그러면 직사각형 BFEG는 직사각형 ABCD와 넓이가 같다.

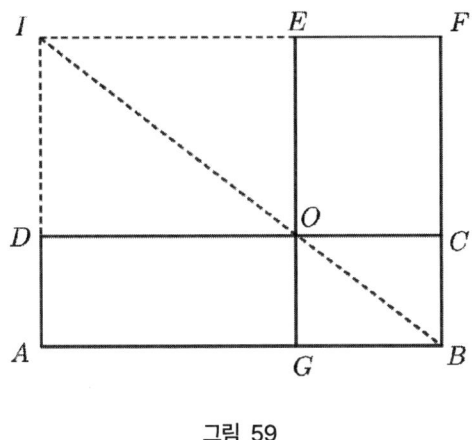

그림 59

    이를 증명하기 위해 직사각형 ABCD, BFEG로부터 공통 부분 OCBG를 빼서 직사각형 ADOG가 직사각형 EOCF와 같음을 보이는 것으로 충분하다.

    이때 두 삼각형 IBF와 IBA가 같음에 주목한다면, 이 삼각형에서 같은 넓이를 덜어내어도 그 나머지가 같음을 알 수 있다. 그런데 삼각형 IAB는 두 삼각형 IDO, OGB를 덜어내면 직사각형 ADOG가 된다. 마찬가지로 삼각형 IBF는 IDO, OGB와 같은 삼각형 IEO, OBC를 덜어내면 직사각형 EOCF가 된다. 따라서 두 삼각형으로부터 남겨진 두 직사각형 ADOG와 EOCF의 넓이는 같게 되고 따라서 직사각형 ABCD와 BFEG의 넓이도 같다.

두 직사각형의 넓이가 같으면 첫째 밑변 대 둘째 밑변은 둘째 높이 대 첫째 높이라는 것을 엄밀하게 증명한다.

한 직사각형을 다른 직사각형으로 바꾸는 이 두 번째 방법은, 첫 번째 방법이 가정하는 원리를 확증한다. 그 원리는 간단한 귀납에만 근거했던 것 같다.

두 직사각형 ABCD와 BFEG의 넓이가 같다는 것으로부터 AB 대 BG가 BF 대 BC와 같아야 한다고 결론지었다. 이것은 이제 앞 절에 의해 증명할 수 있다.

삼각형 IAB와 OGB는 명백하게 닮음이기 때문에, 큰 것의 밑변 AB 대 작은 것의 밑변 GB는 높이 IA대 높이 OG, 또는 그와 길이가 같은 BF 대 BC와 같다. 따라서 5절의 원리에 부합하게 AB 대 GB는 BF 대 BC이다.

네 선분 중 첫째 대 둘째가 셋째 대 넷째와 같으면, 첫째와 넷째로 이루어진 직사각형은 둘째와 셋째로 이루어진 직사각형과 넓이가 같다.

두 직사각형 ABCD와 BFEG의 넓이가 같다는 사실로부터 높이 BF 대 높이 BC와 밑변 AB 대 밑변 BG가 같다는 것을 증명하기 위해 방금 했던 방법으로, 네 선분 BF, BC, AB, BG가 첫째 대 둘째가 셋째 대 넷째와 같다면 이 선분 중 첫째와 넷째를 높이와 밑변으로 하는 직사각형은 둘째와 셋째를 높이와 밑변으로 하는 직사각형과 넓이가 같다는 것을 역시 증명할 수 있다.

첫째 대 둘째가 셋째 대 넷째인 네 개의 양은 비례식을 이룬다고 말한다.

앞에서의 선분 BF, BC, AB, BG처럼 네 개의 양이 첫째 대 둘째가 셋째 대 넷째와 같을 때 이 네 개의 양은 '비례 관계에 있다' 또는 '비례식을 이룬다'고 말한다. 따라서 6, 9, 18, 27은 비례 관계에 있다. 왜냐하면 18이 27에 포함되는 것과 동일한 방식으로 6이 9에 포함되기 때문이다. 15, 25, 75, 125에 대해서도 마찬가지다.

비례식의 네 개의 양 중 첫째와 넷째는 외항이라 하고 둘째와 셋째는 내항이라 한다.[14]

이 정의를 이용하면, 7, 8절에 포함된 명제들은 분명히 다음과 같이 진술된다.

네 개의 양이 비례식을 이룰 때, 외항의 곱은 내항의 곱과 같다.

네 개의 양 중 외항의 곱이 내항의 곱과 같으면, 이 네 개의 양은 비례식을 이룬다.

---

[14] 원문에서는 외항을 '극항' 또는 간단히 '극', 내항을 '중앙항' 또는 간단히 '중앙'이라고 하였으나, 편의상 오늘날 사용되는 용어로 번역하였다.

앞의 두 절에 주목하는 것은 시기적절하다. 그 두 명제는 자주 이용된다. 예를 들어, 산술에서 '삼수법(régle de trois)[15]'이라 부르는 법칙의 증명을 이 두 명제로부터 유도한다. 이 법칙의 아이디어를 제시하기 위해 한 가지 예를 들 것이다. 이것이 이해하기에 가장 간단한 방법이다.

24명의 노동자가 어느 기간 내에 30미터의 건축공사를 했다고 하자. 같은 기간에 64명의 노동자는 그 일을 얼마만큼 하겠는가?

이 문제를 풀기 위해, 64에 대한 비가 30 대 24와 같게 되는 수를 찾아야 한다. 그런데 우리가 아는 바에 따르면, 구하고자 하는 수는 24와 곱하여 30과 64의 곱과 같게 되는 수이다. 물론 30과 64의 곱은 1920이므로, 구하는 수는 24를 곱하여 1920이 되는 수이다. 산술 연산에 대해 아는 바가 별로 없더라도, 이 수가 1920을 24로 나눈 몫, 즉 80이어야 함을 쉽게 알아챌 것이다.

일반적으로 비례식의 처음 세 항이 주어지고 넷째 항을 찾기 위해서는, 둘째 항과 셋째 항을 곱한 다음 첫째 항으로 나누어야 한다.

---

15) 비례산의 법칙으로, 비례식의 네 항 중 세 항을 알고 나머지 항을 구하는 방법을 말한다.

방금 선택한 정도의 간단한 예는 아마도 이 방법의 필요성을 충분히 느끼게 하지 못할 것이다. 상식만으로도 구하는 수를 찾을 수 있다. 30이 24를 $\frac{1}{4}$만큼 초과하고, 따라서 구하는 수 역시 64를 $\frac{1}{4}$만큼 초과해야 하므로, 80이라는 것을 알 수 있다. 그러나 비례식의 처음 두 수의 비를 더 오래 탐색해야 할 경우가 있다.

예를 들어, 세 수 259, 407, 483에 비례하는 넷째 항을 찾고자 한다.

앞의 방법으로 하면 483과 407을 곱하고 그 곱인 196581을 259로 나누어야 한다. 이렇게 하여 구하고자 한 넷째 항 759를 얻는다.

이 항을 찾기 위해 달리 방법을 강구하면, 시행착오하면서 하는 것뿐이다. 예컨대 259에 대한 407의 초과분인 148은 259의 $\frac{4}{7}$이므로, 마찬가지로 483에 이 수의 $\frac{4}{7}$인 276을 더해야 한다는 것을 알 수 있었을 것이다.

그러나 앞선 방법의 일반성과 확실성은 많은 경우에 무용지물이 되기도 하는 시행착오의 궁지로부터 항상 우리를 구해낸다.

    두 정사각형을 합해야 할 때, 두 직사각형을 합하는 것과 같은 방법으로 할 수 있다. 왜냐하면 정사각형은 높이와 밑변이 같은 직사각형이기 때문이다. 따라서 두 정사각형 중 하나, 예컨대 더 작은 것을 더 큰 것의 한 변을 높이로 하는 직사각형으로 바꾸면 그 두 정사각형은 하나의 직사각형이 될 뿐이다. 마찬가지로, 두 정사각형 모두에 작은 정사각형의 높이를 주거나 또는 원하는 대로 임의의 다른 높이를 줄 수도 있다. 그러나 이렇듯 두 정사각형을 단 하나의 도형으로 합하고자 할 때 생각해보지 않을 수 없는 것은, 다른 두 정사각형과 넓이가 같은 하나의 정사각형을 만드는 것이다. 다음과 같이 해법을 찾기 쉬운 문제이다.

한 정사각형의 두 배인 정사각형 만들기

우선 하나의 정사각형으로 만들고자 하는 두 정사각형 ABCD와 CBFE (그림 60)가 서로 같다고 가정하자. 대각선 AC와 CF를 긋는다면, 삼각형 ABC와 CBF는 합하여 정사각형 하나의 넓이가 된다는 것을 쉽게 알 수 있다. 따라서 다른 두 삼각형 DCA와 CEF를 AF의 아래로 옮김으로써, 변 AC가 정사각형 ABCD의 대각선이고 넓이는 주어진 두 정사각형의 넓이의 합과 같은 정사각형 ACFG를 만든다. 이것은 증명할 필요가 없다.

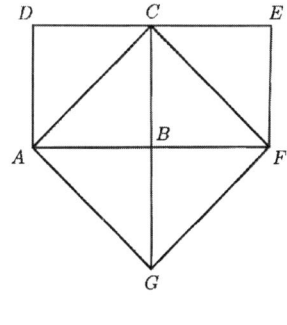

그림 60

다른 두 정사각형의 합과 같은 정사각형 만들기

이제 같지 않은 두 정사각형 ADCd, CFEf(그림 61)의 합과 넓이가 같은 하나의 정사각형을 만들고자 한다. 또는 달리 말하여, 도형 ADFEfd를 정사각형으로 바꾸려 한다고 가정하자.

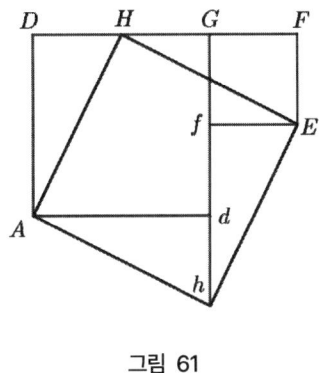

그림 61

앞의 방법의 아이디어에 따라, 선분 DF에서 다음과 같은 점 H를 찾는 것이 가능한지 알아볼 것이다.

1. 선분 AH와 HE를 그어, 삼각형 ADH와 EFH를 각각 점 A와 E 둘레로 Adh, Efh 위치에 올 때까지 돌리면, 이 두 삼각형은 h에서 연결된다.
2. 네 변 AH, HE, Eh, hA는 길이가 같고 서로 수직이다.

그런데 이 점 H는 DH를 변 CF나 EF와 같게 함으로써 찾을 수 있다. DH가 CF와 같다는 가정으로부터 우선 함의되는 것은, ADH를 Adh 위치에 놓기 위해 각 A 둘레로 돌리면, h에 도달하는 점 H는 점 C로부터 DF와 같은 간격만큼 떨어져 있다는 것이다.

DH와 CF가 같다는 바로 그 가정으로부터 또다시 함의되는 것은, HF는 DC와 같고, 따라서 삼각형 EFH를 Efh 위치에 놓기 위해 E 둘레로 돌리면 점 H는 C로부터 DF와 같은 간격만큼 떨어진 바로 그 점 h에 도달한다는 것이다.

따라서 도형 ADFEfd가 사각형 AHEh로 바뀌게 된다. 이제 그 네 변이 같고 서로 수직인가를 알아보는 것이 남아있을 뿐이다.

그런데, 이 네 변의 길이가 같다는 것은 자명하다. 왜냐하면 Ah와 hE는 AH와 HE와 같은 것이고, 또한 AH와 HE가 같다는 것은, DH가 CF 또는 FE와 같으므로 두 삼각형 ADH와 HEF가 합동이라는 사실로부터 유도되기 때문이다.

따라서 도형 AHEh의 변들이 직각을 이루는가를 알아보는 것만이 남아 있다. 이는 HAD가 hAd에 도달하기 위해 A의 둘레로 도는 동안 변 AH는 변 AD와 동일하게 이동해야 한다는 것을 주목함으로써 쉽게 확인된다. 그때, 변 AD는 Ad가 되면서 직각 DAd를 만든다. 따라서 변 AH 역시 Ah가 되면서 직각 HAh를 만들게 된다.

다른 각 H, E, h 역시 반드시 직각이라는 것은 가시적이다. 왜냐하면 같은 길이의 네 변으로 둘러싸인 도형에서 한 각이 직각인데 나머지 세 각이 직각이 아니라는 것은 불가능하기 때문이다.

직각삼각형의 빗변은 가장 긴 변이다. 빗변을 한 변으로 하는 정사각형은 다른 두 변을 각각 한 변으로 하는 정사각형의 합과 같다.

두 정사각형 ADCd, CFEf(그림 61)가, 하나는 삼각형 ADH의 중간 변 AD위에, 다른 하나는 같은 삼각형 ADH의 작은 변 DH와 같은 EF 위에 만들어지고, 이 두 개의 합과 같은 정사각형 AHEh가 보통 직각삼각형의 빗변이라 부르는 가장 긴 변 AH 위에 그려진다는 것을 주목한다면, 빗변을 한 변으로 하는 정사각형이 다른 두 변을 각각 한 변으로 하는 정사각형의 합과 같다는 직각삼각형의 유명한 성질을 곧 발견하게 된다.

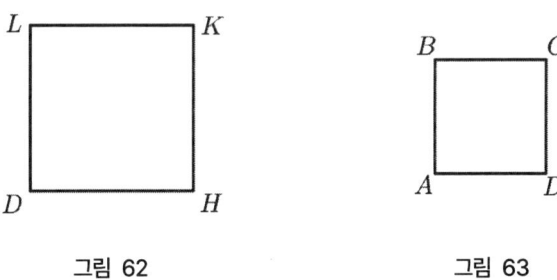

그림 62   그림 63

따라서 두 정사각형 DHKL과 ABCD(그림 62와 63)로부터 단 하나의 정사각형을 만들고자 할 때, 17절에서 했던 것처럼 두 정사각형을 서로 옆에 놓고 분할할 필요가 없다. 변 AD, DH(그림 64)를 직각을 이루는 방식으로 놓고, 이어서 선분 AH를 긋는 것으로 충분하다. 왜냐하면 이 선분이 바로 구하는 정사각형 AHIE의 변이기 때문이다.

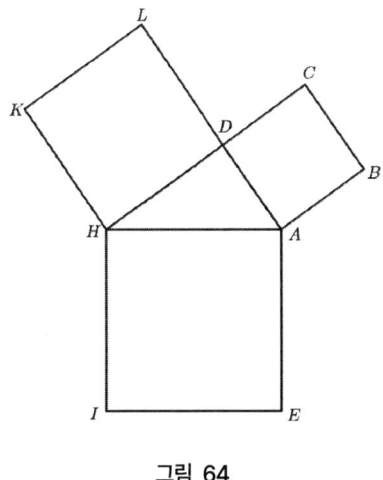

그림 64

20.

직각삼각형의 세 변이 세 개의 닮은 도형의 밑변이 된다면, 빗변 위에 만들어진 도형은 다른 두 도형의 합과 같다.

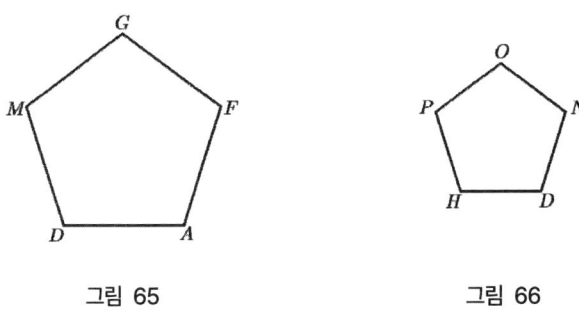

그림 65   그림 66

 닮은 두 도형 DAFGM과 DHPON(그림 65와 66)이 있어, 이로부터 이 두 도형의 합과 넓이가 같은 셋째 도형을 만들고자 한다면, 이 도형들의 밑변 AD와 HD를 직각 ADH(그림 67)의 두 변 위에 놓기만 하면 된다. 그러면 삼각형 ADH의 빗변 AH는 구하는 도형의 밑변이 된다.

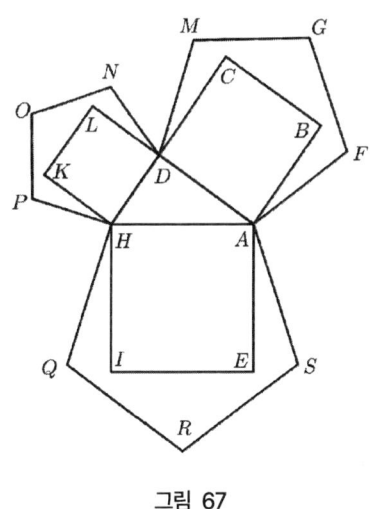

그림 67

그 이유를 알기 위해, 세 닮은 도형의 밑변 위에 만들어진 정사각형 ABCD, DHKL, AHIE를 생각하면, 우선 18절에 의해 정사각형 AHIE는 다른 두 정사각형 ABCD와 DHKL의 합과 같다는 것을 알 수 있다. 그런데 닮은 도형의 넓이비는 대응변의 정사각형 비와 같으므로(제 1장 47절), 세 정사각형 ABCD, DHKL, AHIE의 도형 DAFGM, DHPON, AHQRS에 대한 비는 같다.

이로부터 도형 AHQRS가 도형 DAFGM, DHPON의 합과 같다고 쉽게 결론 내릴 수 있다. 예컨대 이 정사각형 각각이 포함되어 있는 도형의 반이라고 가정하자. 그러면 도형 AHQRS의 반은 두 도형 DHPON, DAFGM의 반의 합이기 때문에, 도형 AHQRS가 다른 두 개의 합과 같지 않을 것이라고 의심할 사람은 아무도 없다. 정사각형 ABCD, DHKL, AHIE가 도형 DAFGM, DHPON, AHQRS의 $\frac{2}{3}$, $\frac{3}{4}$이라도 역시 마찬가지이다.

여러 개의 닮은 도형을 하나로 합하기

세 개, 네 개의 닮은 도형, 또는 마찬가지로 세 개, 네 개의 정사각형을 합하고자 한다면, 그 방법은 항상 같다. 예를 들어, 세 개를 합하려 한다면 우선 처음 두 개와 같은 정사각형을 만들고 나서 이 새로운 정사각형에 세 번째 것을 합한다. 그리하여 주어진 세 개의 정사각형과 넓이가 같은 하나의 정사각형을 얻는다.

이로부터 함의하는 바는, 어떤 정사각형보다 5, 6…배 더 큰 정사각형을 만들고자 한다면, 이 문제를 풀기 위해 앞에 나온 방법을 따르는 것으로 충분하다는 것이다. 뿐만 아니라 주어진 정사각형의 $\frac{1}{5}$, $\frac{1}{6}$인 정사각형을 만들기 위해서도 단지 주어진 세 선분에 비례하는 넷째 선분을 찾는 방법을 상기할 것을 요구할 뿐이다.[16] 그러나 이 책의 제 3장에서는 이런 종류의 문제를 풀기 위해 보다 직접적이고 편리한 방법을 제시할 것이다.[17]

---

16) 예컨대 구하는 1/5배인 정사각형과 주어진 정사각형의 관계는 주어진 정사각형과 5배인 정사각형의 관계와 같다. 따라서 구하는 정사각형의 한 변을 x, 주어진 정사각형의 한 변을 a1, 그 5배인 정사각형의 한 변을 a5라 할 때, 비례식 x:a1 = a1:a5가 성립하고 a1과 a5로부터 x를 구할 수 있다.
17) 제 3장 30절을 참조하라.

어떤 수의 제곱은 그 수를 자신과 곱한 결과이다.
제곱근은 자신과 곱하여 제곱이 되는 수이다.

닮은 도형의 합은 엄밀하게 증명될 수 있는 방식으로 조작하고자 할 때 척도를 포기해야 할 필요에 대한 결정적인 증거를 제공한다.

예를 들어, 어떤 정사각형의 두 배인 정사각형을 그려야 한다고 가정하자. 16절에 주어진 방법을 알지 못하는 사람들은 다음과 같은 방법으로 그럴듯하게 시도한다.

주어진 정사각형의 변을 꽤 많은 부분, 예컨대 100부분으로 나누고, 이어 100에 100을 곱하여 정사각형의 넓이 10000을 구한다. 이때, 구하는 정사각형의 넓이는 20000이 된다.

그러나 넓이가 주어져도 그 정사각형을 그리는 방법을 끌어내지는 못한다. 구하는 정사각형의 변을 수로 표현해야 하며, 이 수는 자신과 곱하여, 즉 제곱하여 20000이 되는 그러한 수여야 한다.

그런데 필요한 이 수를 주어진 정사각형의 변의 $\frac{1}{100}$이 부분인 척도 상에서 찾는 것은 소용이 없다. 왜냐하면 141은 제곱하여 19881이 되고 142는 20164가 되는데, 이는 찾아야 하는 수와 양쪽으로 차이가 있기 때문이다. 아마도 주어진 정사각형의 변을 100보다 더 많은 부분으로 나눔으로써 이 부분들로 결정되는, 주어진 것의 두 배인 정사각형의 변이 되는 어떤 수를 찾을 것이라고 생각할 것이다. 그러나 몇 번 시도해 봄으로써 하나는 어떤 정사각형의 변, 또는 흔히 사용하는 언어로 제곱근을 나타내고, 다른 하나는 두 배인 정사각형의 변, 또는 제곱근을 나타내는 두 수를 찾는 것이 헛된 일임을 알게 된다.

어떤 수가 다른 수를 정확하게 여러 번 포함할 때
전자는 후자의 배수이다.

사실상, 우리는 산술에서 두 수가 서로 배수가 아니라면, 다시 말해 하나가 다른 하나를 정확하게 몇 번 포함하지 않는다면, 더 큰 수의 제곱 역시 더 작은 수의 제곱의 배수가 아니라는 것을 증명한다. 예컨대 5가 4로 정확하게 나누어질 수 없는 것처럼, 그 제곱 25 역시 4의 제곱인 16으로 나누어 떨어지지 않는다.

따라서 하나가 다른 하나보다 더 크고, 그러나 2배보다는 작은 두 수를 제곱하면, 이 연산에 의해 생기는 두 수는 하나가 다른 것의 4배보다 작지만, 2배일 수도 3배일 수도 없다. 따라서 정사각형의 변을 원하는 만큼의 부분으로 나눈다해도, 16절에서 보인 것처럼 이 정사각형의 대각선인 넓이가 2배인 정사각형의 변은 바로 그 부분들을 정확한 개수만큼 포함하지 않는다. 기하학자들의 언어로 표현하자면, 정사각형의 변과 그 대각선은 통약불가능하다.

이외에도 어떠한 공통 척도도 갖지 않는 선분들이 많이 있음을 다시금 주목할 수 있다.

첫째 열은 자연수를, 둘째 열은 그 제곱을 나타내는 두 수열을 쓰면 다음과 같다.

1, 2, 3, 4, 5, 6, 7, 8, 9 등
1, 4, 9, 16, 25, 36, 49, 64, 81 등

4와 9, 9와 16, 16과 25 사이에 있는 수들은 어떠한 제곱근도 갖지 않기 때문에, 하나의 넓이가 다른 것의 3배, 5배, 6배가 되는 두 정사각형의 변들은 서로 통약불가능함을 알 수 있다.

그러나 많은 선분들이 다른 선분과 통약불가능하다는 사실로부터, 아마도 닮은 도형의 비례성을 확인하는 데 이용했던 명제들의 정확성에 대한 몇 가지 의구심을 낳을 수 있다. 우리는 이 도형들을 비교하면서(제1장 34절 이하) 그것들이 그 모든 부분들을 측정하는 데 똑같이 이용될 수 있는 척도를 가졌다고 늘 가정하였다. 방금 말한 바와 같은 이유에서, 이제는 제한되어야 할 것으로 보이는 가정이다. 따라서 우리는 온 길로 되돌아 가서, 명제가 참이기 위해 약간 수정할 필요가 있는지 검토해야 한다.

**닮은 삼각형 및 닮은 도형의 변은 비록
통약불가능할지라도 비례한다.**

우선 제1장의 39절에서 언급한 것으로 돌아가, 대응각이 모두 같은 abc, ABC(그림 68과 69) 같은 삼각형은 그 변이 비례한다는 것이 정확하게 참인지 보도록 하자. 예를 들어 하나의 밑변을 ab, 다른 하나의 밑변을 ab를 변으로 하는 정사각형의 대각선과 같은 선분 AB라 가정하고, 이 가정 하에 AC의 ac에 대한 비가 AB의 ab에 대한 비와 같은지를 알아보자.

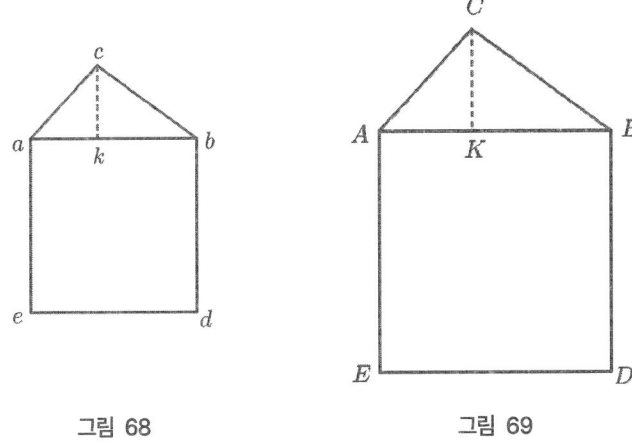

그림 68   그림 69

우리가 본 바에 따르면, ab에서 임의로 가정했던 부분의 수가 아무리 크더라도 AB는 이 부분들을 결코 정확한 수만큼 포함할 수 없다. 그러나 이 수가 크면 클수록 AB는 ab의 부분들로 정확하게 측정되는 것에 더 근접할 것을 쉽게 알 수 있다. ab를 100부분으로 나눈다고 가정하자. AB가 이 부분들 중 포함하는 부분은 141과 142 사이이다(23절). 141에 만족하고 작은 나머지는 무시하자. AC 역시 ac의 부분들을 141만큼 포함하는 것이 분명하다(제 1장 39절).

이어서 ab를 1000부분으로 나눈다고 가정하자. AB가 ab의 부분들 중 포함하는 부분은 1414와 1415 사이이다. 1414만을 취하고 나머지는 또 무시하자. 마찬가지로 AC는 ac의 $\frac{1}{1000}$부분을 1414만큼 포함하며, 그리고 일반적으로 AB가 나머지가 있으면서 ab의 부분들을 포함하는 만큼 항상 AC는 나머지가 있으면서 ac의 부분을 포함한다는 것을 발견할 것이다.

더욱이 이 나머지는, 방금 관찰했듯이 ab의 부분들의 개수가 더 커질수록 그 만큼 더 작아진다. 따라서 ab를 무한히 나누어간다고 상상하면 그 나머지를 무시해도 될 것이다. 따라서 이제 AC가 포함하는 ac의 부분의 개수는 AB가 포함하는 ab의 부분의 개수와 같으며, 그래서 AC 대 ac는 AB 대 ab라고 말할 수 있다.

따라서 두 삼각형의 세 각의 크기가 각각 같을 때, 그 변이 공통 척도를 갖던지 갖지 않던지 간에 비례한다는 것을 엄밀하게 증명하였다.

닮은 도형에서 대응변의 비례성이 유도되는 명제(제 1장 45절)가 같은 방식으로 정당화된다.

유사한 추론에 의해, 닮은 삼각형 및 닮은 도형의 넓이비는 대응변의 정사각형비와 같음을 보였던 제 1장의 44절과 47절에서 설명한 명제는, 이 도형의 변이 통약불가능할 때조차 일반적으로 항상 참이라는 것을 알 수 있다.

예로서 닮은 삼각형 ABC와 abc(그림 68과 69)를 잡고, 그 높이가 밑변과 통약불가능하다고 가정하자. 이 경우에 정사각형을 아무리 작게 잡아도 이 삼각형과 그 밑변을 한 변으로 하는 정사각형에 공통 척도가 될 수는 없다. 다시 말해 넓이 abc와 abde는 통약불가능하고, 넓이 ABC와 ABDE도 마찬가지다. 그러나 삼각형 ABC 대 정사각형 ABDE가 삼각형 abc 대 정사각형 abde인 것은 참이다.

이것은 AB와 CK를 측정하기 위해 이용하는 척도의 부분들은 작다고 가정할수록, ABC의 ABDE에 대한 비를 표현하는 수를 얻는 데 더욱 근접한다는 것을 관찰하여 확인되는 바이다. 따라서 삼각형 abc의 척도를 항상 같은 만큼의[18] 부분들로 나누고 그 나머지를 무시함으로써, 삼각형 ABC의 정사각형 ABDE에 대한 비와 삼각형 abc의 정사각형 abde에 대한 비를 표현하는 데 늘 같은 수가 사용됨을 알 수 있다. 생각해보건대 척도를 무한히 나누어 가면, 나머지는 절대적으로 0이 될 것이다. 그리고 삼각형 abc의 정사각형 abde에 대한 비를 표현하는 수가 역시 삼각형 ABC의 정사각형 ABDE에 대한 비도 표현하며, 따라서 삼각형 abc 대 정사각형 abde는 삼각형 ABC 대 정사각형 ABDE와 같다고 말할 수 있다.

이는 모든 닮은 도형에 대해 마찬가지이다.

---

18) AB, CK를 측정하기 위해 이용한 척도 부분만큼을 의미한다.

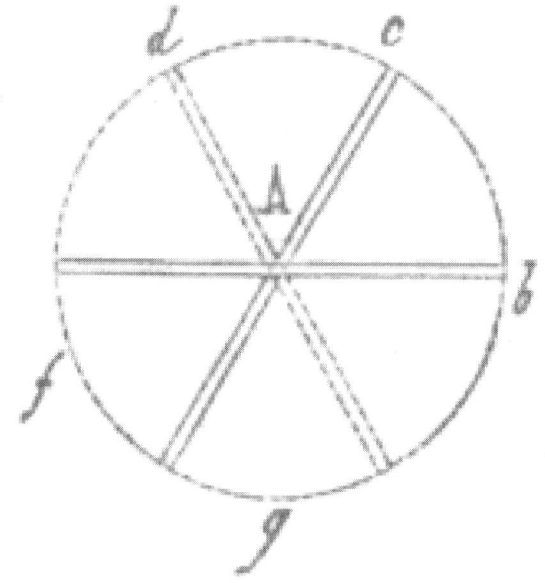

Chapter 3
원형 도형의 측정과 그 성질

모든 종류의 다각형을 측정할 수 있게 된 후, 곡선으로 둘러싸인 도형들을 결정하는 방법을 알고자 하였다. 토지뿐만 아니라 일반적으로 넓이를 구하고자 하는 공간이 항상 직선으로 둘러싸여 있는 것은 아니다.

종종 곡선 도형과 혼합 도형, 다시 말해 직선과 곡선으로 둘러싸인 도형을 이미 말한 바와 같이 완전히 직선으로만 이루어진 도형으로 환원할 수 있다. ABCDEFG(그림 1)와 같은 도형을 측정해야 한다면 변 AD를 둘 또는 세 선분의 합으로 간주할 수 있다. 그 다음 선분 FD로 곡선 FED를 대신함으로써, 별로 다를 바가 없어서 오차를 느끼지 않고 그 혼합 도형으로 간주될 수 있는 다각형 ABCDFG를 갖게 된다.

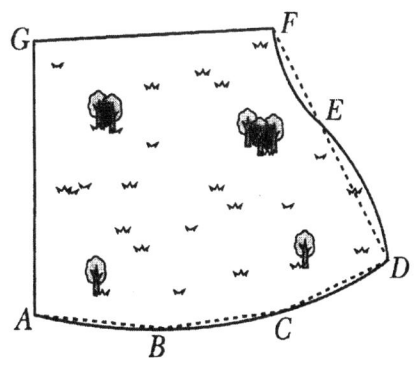

그림 1

그러므로 앞에 나온 방법을 따라서 이 도형들에 대해 조작할 수 있을지도 모른다. 그러나 기하학자들은 이런 종류의 조작에 대해 좀처럼 만족하지 않을 것이다. 그들은 엄밀한 것만을 원한다. 게다가 곡선 도형이나 혼합 도형을 완전한 다각형으로 변형시킬 때 보통의 방법으로는 불가능할 정도로 그 둘레를 아주 많은 수의 부분들로 나눠야 하는 경우도 있다. Z와 같은 공간(그림 2) 또는 완전한 원 X(그림 3)를 측정해야 한다면 우리 역시 그 방법을 따르고 싶은 생각이 들지는 않을 것이다. 이런 종류의 공간을 측정하기 위해서는 다른 방법을 택해야 한다. 여기서 우리는 둘레가 원의 호를 포함하는 것에만 주목할 것이다.

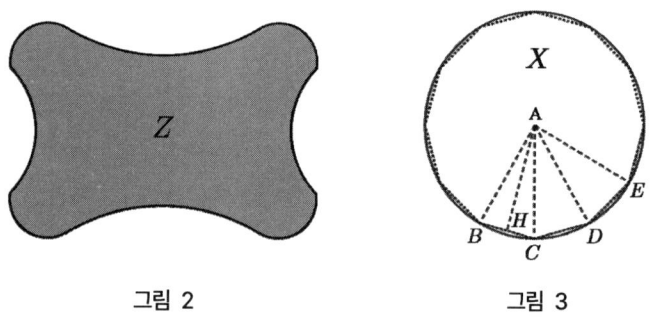

그림 2   그림 3

원의 넓이는 원주와 반지름의 반의 곱이다.

우선 원 X의 넓이를 측정해야 한다고 가정하자(그림 3). 원 X에 정다각형 BCDE 등을 내접시키면 이 다각형은 변이 많아질수록 점점 원에 근접한다는 것을 관찰할 것이다. 그런데 이 도형의 넓이는(제1장 22절) 변 BC와 변심거리 AH의 반을 곱한 것을 다각형의 변의 개수 배만큼 한 것과 같음을 보았다. 또는 달리 표현하여, 이 넓이는 전체 둘레 BCDE 등과 변심거리의 반의 곱이다. 따라서 그 다각형의 변의 개수를 무한까지 확장하면 그 넓이, 둘레, 변심거리가 원의 넓이, 원주, 반지름과 같아질 것이기 때문에 원의 넓이는 원주와 반지름의 반의 곱이다.

원의 넓이는 반지름을 높이로 하고 원주와 같은 길이의 선분을 밑변으로 하는 삼각형의 넓이와 같다.

이상으로부터, 원 BCD(그림 4)의 넓이는 높이가 반지름 AB이고, 밑변이 원주와 같은 길이의 선분 BL인 삼각형 ABL의 넓이와 같다.

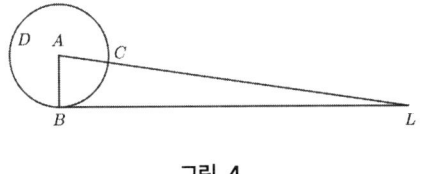

그림 4

따라서 반지름과 원주를 알기만 하면 된다. 반지름은 측정하기 쉽지만, 원주는 그렇지 않다. 그러나 원주를 측정하기 위해 원을 끈으로 덮을 수 있다. 많은 경우에, 실제로 이 방법으로 충분하다.

그러나 현재까지 원주를 기하학적으로 측정하는데, 즉 원주와 반지름의 비를 정확하게 결정하는 데에 이르지 못하였다. 이 비를 십만 분의 일, 백만 분의 일 정도로 구하며, 더욱이 원하는 만큼 근사시킨다. 그렇다고 해서 이 비를 엄밀하게 결정할 수 있는 것은 아니다.

> 원의 지름이 7부분을 갖는다면, 원주는 대략 22부분을 갖는다.

우리가 찾은 가장 간단한 근삿값은 아르키메데스로부터 비롯된 것이다. 지름이 7부분을 가질 때 원주는 이 부분을 21과 22 사이만큼 갖는다. 그리고 21보다 22에 훨씬 더 가깝다는 것을 안다.

원주의 비는 반지름의 비와 같다.

뿐만 아니라 단지 한 원주의 반지름에 대한 비를 정확하게 안다면, 다른 모든 원주의 그 반지름에 대한 비를 알 수 있음이 분명하다. 이 비는 모든 원에서 동일해야 하기 때문이다. 이 명제는 아주 간단해 보여서 증명할 필요가 없을 것 같다. 왜냐하면 어떤 원주를 측정하기 위해 그 반지름의 부분들을 이용하여 했던 조작이 어떤 것이든 간에 모든 다른 원주를 측정하기 위해서 동일한 조작을 해야 한다고 알고 있고, 따라서 그 원주 위에서 동일한 개수의 반지름의 부분들을 발견하게 될 것이기 때문이다.

6

원의 넓이는 반지름의 제곱에 비례한다.

원 역시 모든 닮은 도형의 일반적인 성질(제1장 47절)을 갖는 것이 분명하다. 내가 말하고 싶은 것은, 닮은 도형의 넓이가 대응변의 정사각형, 즉 제곱에 비례한다는 것이다. 그러나 이 명제를 원에 적용하기 위해서는 그 변을 잡을 수 없기 때문에 반지름을 이용해야 할 것이다. 그래서 원은 그 넓이가 반지름의 제곱에 비례한다는 것을 알 수 있다.

우선 이 명제가 제 1장의 47절에서 언급된 것으로부터 파생되는 것 같지 않아서 개별적인 증명을 하기 원한다면, 절대적으로 똑같은 것 - 두 원 BCD와 EFG(그림 4와 5)의 넓이, 즉 밑변 BL과 EM이 원주 BCD와 EFG를 펼친 것이고, 높이가 반지름 AB와 AE임을 가정함으로써 두 원과 넓이가 같은 삼각형 ABL과 AEM(2절)의 넓이를 비교하는 것 - 으로 되돌아옴을 주목할 수 있다. 그런데 앞 절에 의해 이 두 삼각형은 닮음이다. 따라서 두 삼각형의 넓이는 원 BCD와 EFG의 반지름인 대응변 AB와 AE의 제곱에 비례한다. 따라서 명제가 성립한다.

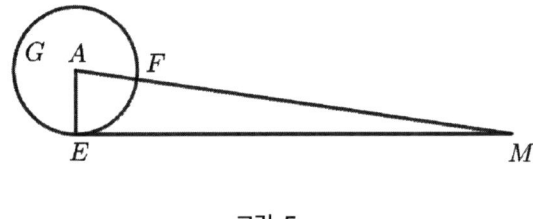

그림 5

직각삼각형의 세 변을 반지름으로 하는 세 원 중에서, 빗변이 만드는 원은 다른 두 원을 합한 것과 같다.

원은 닮음이기 때문에 다른 닮은 도형과 마찬가지로, 직각삼각형의 세 변을 반지름으로 잡아서 세 개의 원을 그린다면, 빗변을 반지름으로 하는 원은 다른 두 개의 합과 같다는 성질도 가질 것이다.

그래서 우리는 주어진 두 원과 넓이가 같은 하나의 원을 항상 찾을 수 있고, 이는 두 원 각각을 측정하는 수고를 하지 않고도 가능하다. 예를 들어, 깊이가 같은 두 개의 물통과 같은 양의 물을 담는 하나의 물통을 만들고자 한다거나, 주어진 두 관에 흐르는 만큼의 물이 흐르는 한 급수관의 뚜껑을 구하고자 한다면, 우리가 방금 지적했던 방법을 택하여 어려움 없이 해낼 것이다.

8 환형은 두 동심원으로 둘러싸인 공간이다. 환형을 측정하기 위해 평균 원주와 폭을 곱해야 한다.

두 동심원 EFG, BCD(그림 6), 즉 공통 중심을 갖는 두 원으로 둘러싸인 도형인 환형 V의 넓이를 측정해야 한다면, 우선 떠오르는 것이 두 원의 넓이를 각각 측정하여 큰 것에서 작은 것을 빼는 것이다. 그러나 이 문제는 실제로 보다 편리한 방법으로 해결될 수 있음을 쉽게 파악할 수 있다.

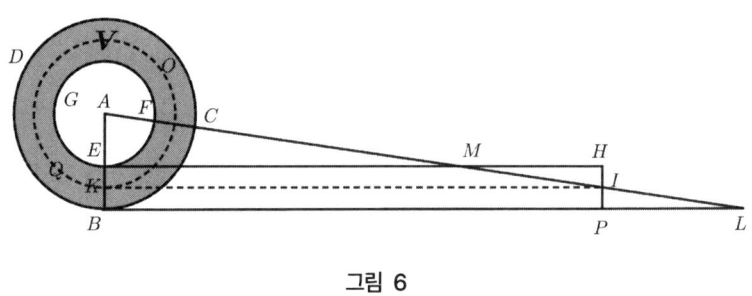

그림 6

반지름 AB를 높이로 하고, 밑변은 원주 BCD와 길이가 같은 선분 BL인 삼각형 ABL을 생각하자. 점 E를 지나 BL에 평행인 선분 EM을 긋는다면, 이 선분은 원주 EFG와 같다. 왜냐하면 삼각형 AEM과 ABL이 닮음이기 때문에 AB와 BL의 비가 AE와 EM의 비와 같은데, 가정에 의해 BL은 AB가 반지름인 원주와 같으므로, EM 역시 AB의 부분인 선분 AE를 반지름으로 하는 원주와 같기 때문이다. BL에 평행인 다른 어떠한 선분

KI에 대해서도 마찬가지이다. 그것은 항상 AK가 반지름인 원주와 같다.

　삼각형 AEM과 원 EFG의 넓이가 같다는 것은 원주 EFG와 선분 EM이 같다는 전제로부터 비롯되는 필연적인 결과이다. 따라서 다각형 EBLM은 주어진 환형 V와 같은 것이 틀림없다. 그런데 이 다각형 EBLM은 직사각형 EBPH로 쉽게 바꿀 수 있다. ML을 MI와 IL로 이등분하고, 점 I를 지나 BL에 수선 HIP를 그으면, 이 수선은 잘려나가는 삼각형 PLI와 넓이가 같은 삼각형 MHI를 첨가하게 된다.

　따라서 점 I를 지나, BL에 평행선 IK(이것은 EB를 이등분할 것이다.)를 그으면, 다각형 EBLM이나 EBPH와 넓이가 같은 주어진 환형은 AK가 반지름인 원주 KI와 EB의 곱을 측도로 한다.

　따라서 환형 V를 측정하기 위해서는, 큰 원주 BCD, 즉 선분 BL이 KOQ를 초과하는 양 PL과 KOQ가 작은 원주 EFG, 즉 선분 EM을 초과하는 양 MH가 같기 때문에 원주 BCD와 EFG 사이의 평균이라 불리는 원주 KOQ와 폭 EB를 곱해야 한다.

원의 활꼴은 호와 현으로 둘러싸인 공간이다. 모든 원형 도형의 측정은 활꼴의 측정으로 환원된다.

여러 호와 선분으로 이루어진 도형 Y(그림 7) 또는 호만으로 이루어진 도형 Z(그림 2)를 측정할 때의 모든 어려움은 활꼴, 즉 호 ABC와 현 AC로 둘러싸인 ABCE(그림 8) 같은 공간을 측정하는 것으로 환원될 것이다. 왜냐하면 호만으로 또는 호와 선분으로 이루어진 도형은 모두 어떤 활꼴만큼 늘어나거나 줄어든 다각형으로 간주될 수 있기 때문이다.

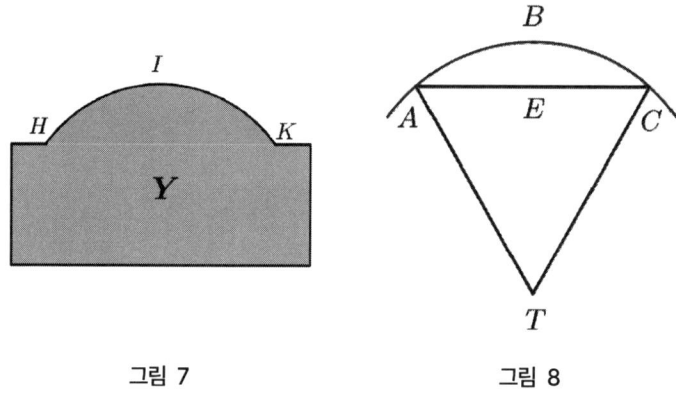

그림 7   그림 8

부채꼴은 두 반지름과 그것들이 포함하는 호로 둘러싸인 원의 부분이다. 부채꼴의 넓이와 활꼴의 넓이 구하기

임의의 활꼴 ABCE의 넓이는 원의 넓이를 안다면 찾기 쉽다. 먼저 호의 중심 T에서 선분 AT, CT를 그으면 부채꼴이라 불리는 도형 ABCT가 만들어지는데, 그 넓이는 원의 넓이에 대해 호 ABC 대전체 원주의 비이므로, 결과적으로 반지름 AT의 반과 호 ABC의 곱이다. 일단 부채꼴이 결정되면, 그것에서 삼각형 ACT를 빼기만 하면 활꼴 ABCE를 얻는다.

임의의 호의 중심 찾기

Y(그림 7)와 같은 도형을 측정하고자 할 때 호 HIK의 중심을 모르는 경우가 종종 있는데, 그러나 앞에 나온 방법을 이용하려면 반지름을 알아야 하기 때문에 중심 없이는 그 도형을 측정할 수 없으므로, 우리는 어떤 호이든 중심을 찾지 않으면 안된다.

ABC(그림 9)를 주어진 호라 하자. 이 호 위에서 두 점 A와 B를 임의로 잡고, 이 두 점을 중심으로 하여 네 개의 호 goi, foh ; lpk, mpn을, 처음 두 개는 임의의 반지름으로, 나머지 두 개는 그와 같은 반지름 또는 원하는 다른 반지름으로 하여 그린다면, 구하는 호 ABC의 중심은 교점 o와 p를 잇는 직선 op 위에 있을 것이 분명하다.

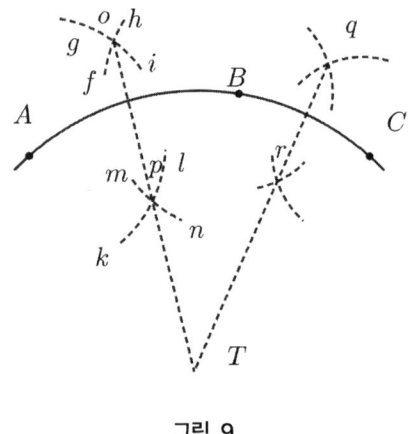

그림 9

그 다음 호 ABC 위에서 세 번째 점 C를 택하여 A와 B를 이용했던 것과 같은 방법으로 B와 C를 이용하면, 구하는 중심이 또다시 있어야 할 직선 qr을 갖게 된다. 따라서 직선 op와 qr의 교점 T가 바로 중심이다.

따라서 세 점을 일직선 상에 놓이지 않도록 배열한다면, 항상 세 점을 하나의 호로 이을 수 있다. 또는 같은 의미로, 삼각형 ACB(그림 10)의 변 AC와 BC가 그 밑변과 어떤 비를 이루든 간에 항상 이 삼각형에 외접원을 그릴 수 있다.

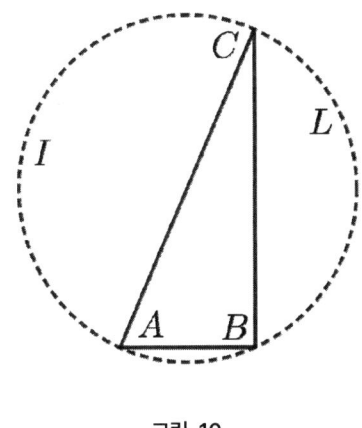

그림 10

13. 반원의 원주의 임의의 점으로부터 지름의 양 끝점에 두 선분을 그으면 직각을 이룬다.

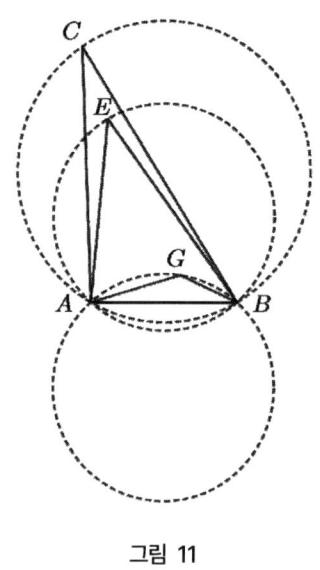

그림 11

삼각형에 외접원을 그리기 위해 방금 했던 방법을, 밑변 AB에 대해 더 많이 혹은 더 적게 올라간 여러 삼각형 ACB, AEB, AGB(그림 11)에 연속하여 적용하면, 꼭지각이 아주 뾰족한 삼각형 ACB로부터 꼭지각이 더 많이 열린 다른 삼각형 AEB, AGB로 넘어가면서 외접원의 중심이 연속적으로 AB에 접근하고, 이어 꼭지각 AGB가 어느 정도 열리게 되면 이 중심이 AB의 아래로 지나간다는 것을 알 수 있다. 이때, AB의 위쪽에 있던 중심이 아래로 지나가는 것을 보면서, 외접원의 중심이 바로 AB

위에 있을 때 삼각형 AFB(그림 12)는 어떤 유형인지 알아보고자 하는 생각이 머리에 떠올라야 할 것 같다.

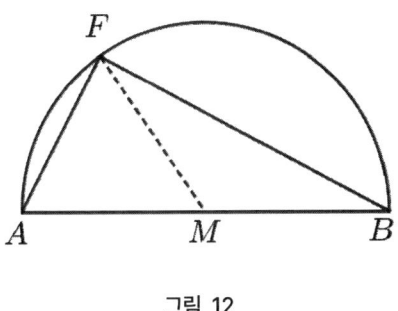

그림 12

이 삼각형 AFB를 알기 위해, 우선 이 특별한 경우에 삼각형의 외접원의 부분은 정확하게 반원임에 틀림없다는 것을 언급하고자 한다. 사실상 원의 중심은 가정에 의해 양 끝점이 원주에 있는 밑변 AB 위에 있어야 하므로, 중심 M은 AB의 정확히 가운데 위치해야 하고, 결국 AB는 필연적으로 지름이 된다.

이어서 반원의 한 점 F로부터 선분 FA, FB를 그으면 각 AFB는 직각임을 알 수 있다. FM을 그으면 두 삼각형 AFM, MFB는 이등변삼각형이고, 따라서 두 각 AFM, MFB는 각각 각 FAM, FBM과 같다. 달리 말하면, 전체 각 AFB는 두 각 FAM, FBM의 합과 같다. 그런데 세 각 AFB, FAM, FBM은 합하여 2직각에 해당한다. 따라서 각 AFB는 직각이다.

그러므로 밑변 AB위에 임의의 직각삼각형을 그리면, 이 삼각형은 그 밑변 위에 중심이 있는 원에 내접한다는 성질을 갖는다.

꼭짓점이 반원주 상에 있는 지름에 대한 각은 항상 직각이라는 원의 성질은 원의 다른 부분들이 유사한 성질을 갖지는 않는지 탐구하도록 한다. 예를 들어, 활꼴 ACEFB(그림 13)에서 잡은 각 ACB, AEB, AFB는 반원의 각들이 그러한 것처럼 모두 같지 않을까?

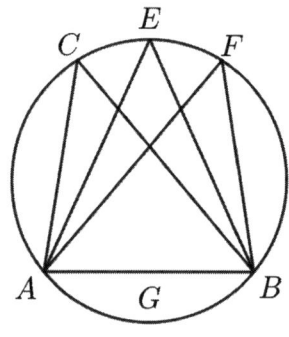

그림 13

이를 확인하기 위해 이 각들 중 하나의 크기를 구하면서 시작할 것이다. 그리고 이어서 다른 각도 크기가 같은지 볼 것이다. 예를 들어 꼭짓점 E가 호 AEB의 중점에 놓인 각 AEB(그림 14)를 잡자. 중심 D를 지나는 선분 EDG는 이 각을 이등분하므로 그 반인 각 AEG를 측정하는 것으로 충분하다. 또는 같은 의미로, 각 AEG가 ADG처럼 이미 측정한 각의 어떤 부분인지 아는 것으로 충분하다. 각 ADG를 이미 측정했다고 말하는 것은, 호 AG가 그 측도(제 1장 52절)임을 알기 때문이다.

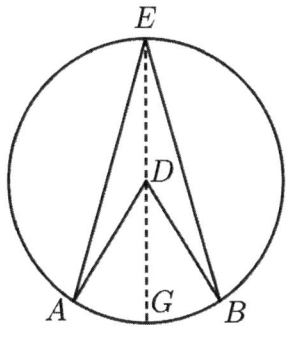

그림 14

  삼각형 AED가 이등변삼각형이라는 것을 주목한다면, 각 AEG가 각 ADG의 반이라는 것을 쉽게 알 수 있다. 각 AED와 EAD는 같다(제1장 31절). 그런데 이 두 각을 합하면 외각 ADG에 해당한다(제1장 68절). 따라서 각 AED, 즉 AEG는 각 ADG의 반이다.

  같은 이유로, 각 DEB는 각 GDB의 반이다. 따라서 전체 각 AEB는 각 ADB의 반과 같다. 따라서 그 측도는 호 AGB의 반이다.

15

꼭짓점이 원주에 있는, 같은 호에 대한 각[19]은 모두 같다. 그리고 공통 측도는 공통으로 하는 호의 반이다.[20]

각 AEB를 측정하고 나서 그것이 같은 활꼴에서 꼭짓점을 갖는 다른 각들과 각각 같은지 알아보기 위해, 임의로 잡은 이 각들 중의 하나, 예컨대 AFB(그림 15) 역시 중심각 ADB의 반인지 조사해야 한다. 중심을 지나는 직선 FDG를 그음으로써 쉽게 확인할 것이다. 각 AFB가 앞절에 의해 각 ADG, GDB의 반인 두 각 AFD, DFB로 이루어짐을 볼 때, 그로부터 전체 각 AFB는 각 ADB의 반이라고 결론 내린다. 그리고 꼭짓점이 원주에 있는, 같은 호 AGB에 대한 각 ACB, AEB, AFB(그림 13) 모두에게 같은 추론을 적용하여, 앞 절에서 추측했던 대로 이 각들이 서로 같다고 결론 내릴 수 있다.

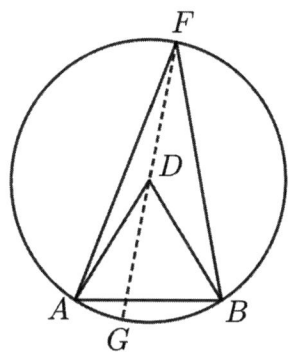

그림 15

---

19) 같은 호에 대한 원주각을 말한다.
20) 다시 말해, 원주각이 중심각의 반임을 의미한다.

꼭짓점이 호 ACEFB에 있는 여러 각들 중에서 당장에는 앞에서 한 증명에 포함되지 않는 것처럼 보이는 것이 있다. 그것은 중심을 지나는 직선 FDG가 각 ADB의 밖을 통과하는 각 AFB(그림 16)와 같은 것이다. 그러나 항상 각 DFA가 각 GDA의 반이고 각 DFB가 각 GDB의 반이라는 것을 주목함으로써, 이 경우에도 각 DFA에 대한 각 DFB의 초과분인 각 AFB는 각 GDA에 대한 각 GDB의 초과분인 각 ADB의 반임을 알 수 있다.

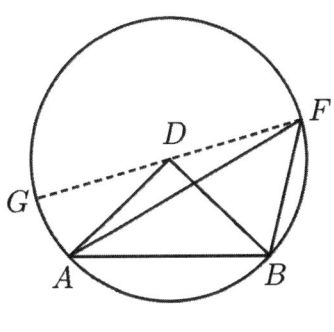

그림 16

우리가 이용한 도형들 때문에, 앞에서 한 증명이 반원보다 큰 활꼴에 대해서만 적합한 것 같아 보이기도 한다. 그러나 AFB(그림 17)같이 꼭짓점이 반원보다 작은 활꼴에 있는 임의의 각은 항상 각 BDG, ADG의 반인 두 각 DFB, DFA로 이루어지며, 결과적으로 이 각 AFB는 두 호 BG, AG의 반, 즉 호 AGB의 반을 측도로 한다는 것을 쉽게 알 수 있다.

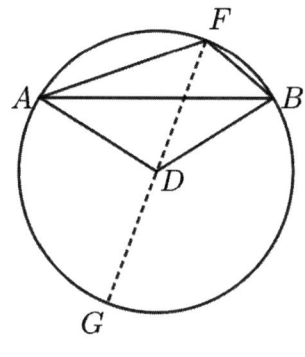

그림 17

18.

원의 접선은 원의 한 점만을 지나는 직선이다. 활꼴각은 현과 접선에 의해 생기는 각이다. 그 측도는 활꼴의 호의 반이다.

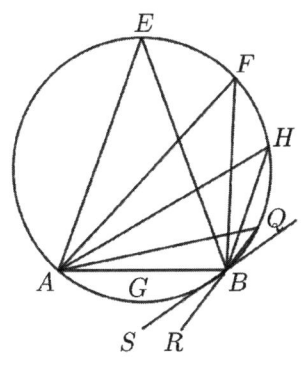

그림 18

같은 활꼴에서 원주에 가정된 각 AEB, AFB, AHB(그림 18)가 모두 같다는 것을 살펴본 다음, 각 AQB는 꼭짓점이 밑변 AB의 끝점인 B와 겹칠 때 어떻게 되는가를 알고 싶은 생각이 들 것이다. 그때 이 각은 사라지는가? 그러나 그것이 점점 조여들지 않고 단번에 사라지는 것은 가능할 것 같지 않다. 어느 점을 넘어서면 이 각이 더 이상 존재하지 않게 되는지 알지 못한다. 그러면, 그 측도를 찾는 데에 어떻게 이를 것인가? 이는 모든 사람들이 적어도 불완전한 아이디어를 갖고 있지만 전개해 나가는 것만이 문제가 되는 무한 기하학에 의존하지 않으면 해결할 수 없는 어려운 문제이다.

우선 점 E가 F, H, Q 등이 되면서 B에 접근할 때, 선분 EB는 계속하여 짧아지고 선분 EB와 AB가 이루는 각 EBA는 점점 벌어진다는 것을 관찰하자. 그러나 선분 QB가 아무리 짧아지더라도 각 QBA는 그래도 각이다. 왜냐하면 그것을 지각하려면, 짧아진 선분 QB를 R쪽으로 연장하기만 하면 되기 때문이다. 선분 QB가 줄어든 나머지 결국 0이 되어도 마찬가지일까? 그때 그 위치는 어떻게 되는가? 그 연장선은 어떻게 되는가?

그것은 원과 어떠한 다른 곳에서도 만나지 않고 단 한 점 B에서만 만나는 직선 BS에 불과함이 분명하며, 이러한 이유에서 접선이라 한다.

더욱이 선분 EB가 마침내 사라지기까지 계속하여 줄어드는 동안, 선분 AE는 차차 AF, AH, AQ 등이 되면서 줄곧 AB에 접근하여 결국 AB와 겹치는 것이 분명하다. 따라서 원주각 AEB는 AFB, AHB, AQB가 된 다음, 마지막으로 현 AB와 접선 BS에 의해 만들어지는 각 ABS가 된다. 활꼴각이라 불리는 이 각은 호 AGB의 반을 측도로 한다는 성질을 전과 다름없이 보존하는 것이 틀림없다.

이 증명이 초보자에게는 아마도 약간 추상적이겠지만, 일찌감치 이와 같은 사고에 익숙해지는 것은 무한 기하학까지 학습하고자 하는 사람들에게 매우 유용할 것이기 때문에, 나는 이 증명을 제공하는 것이 적절하다고 생각했다.

그러나 초보자들이 이 증명을 자신들의 능력 이상의 것이라 여긴다면, 그들에게 접선의 중요한 성질을 설명하면서 다른 방법으로 증명할 수 있게 하는 것이 좋겠다.

접선은 접점을 지나는 지름에 수직이다.

이 성질은 원의 임의의 점 B에서 그은 접선이 그 점을 지나는 지름 IDB(그림 19)에 수직이라는 것이다. 왜냐하면 원의 곡률은 아주 일정해서 임의의 지름 IDB는 원을 이 지름에 대해 같게 위치하는 반원 IAB와 IOB로 이등분하기 때문에, 이 두 반원의 공통 접선의 두 부분 BS와 BH 역시 이 지름에 대해 같게 위치해야 하는데, 이것은 IDB가 접선 HBS에 수직이지 않고는 될 수 없기 때문이다.

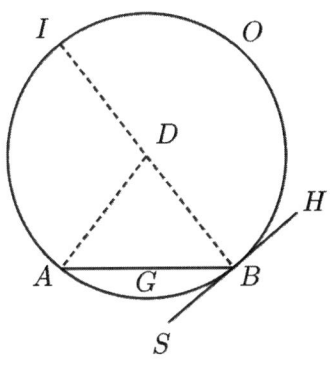

그림 19

이상으로부터 왜 활꼴각 ABS가 호 AGB의 반이 되는가를 쉽게 알 수 있다.

  각 ADB는 같은 크기의 두 각 DAB, DBA와 합하여 2직각이 된다(제1장 64절). 따라서 각 ADB의 반은 각 DBA와 합하여 직각이 된다. 그런데 각 DBA는 각 ABS와 합하여 역시 직각이 된다. 따라서 각 ABS는 각 ADB의 반과 같다. 따라서 각 ABS의 측도는 호 AGB의 반이다.

주어진 각을 원주각으로 하는 활꼴을 그리는 방법

각 ABS는 호 AGB의 반을 측도로 한다는 원의 성질에 대해 방금 했던 두 번째 증명은 다음과 같은 문제의 해법을 제공한다.

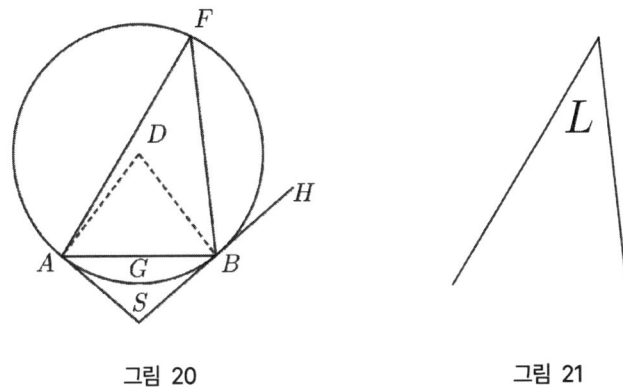

그림 20   그림 21

AB 위에 주어진 각 L을 원주각으로 하는 활꼴, 즉 내부에 있는 모든 원주각 AFB가 각 L과 같은 활꼴 AFB를 그려라(그림 20과 21).

이 문제를 해결하기 위해 A와 B에서 각각 각 L과 같은 두 각 BAS와 ABS를 그리고, AS와 BS 위에 두 수선 AD와 BD를 올려야 한다. 그 교점 D가 구하는 호 AFB의 중심이다.

왜냐하면, BD나 AD가 BS와 AS에 수직이므로 19절에 의해 직선 BS와 AS는 중심이 D이고 반지름이 AD 또는 BD인 원의 접선이다. 더욱이 앞 절에 의해 각 ABS는 AGB의 반을 측도로 하고, 15절에 의해 AFB와 같은 각들 역시 호 AGB의 반이 된다. 따라서 이 각들 AFB는 ABS, 즉 문제에서 요구한 바와 같이 각 L과 같다.

한 지점으로부터 위치를 알고 있는 다른 세 지점까지의 거리 찾기

방금 설명한 활꼴의 성질을 발견한 것은 정말 기하학자들의 단순한 호기심에서 비롯된 것 같다. 그러나 다른 많은 것이 항상 그러하듯이 이 발견에 대해서도 마찬가지로 처음에는 유용하다고 생각하지 않았던 것이 나중에 유용해졌다. 방금 증명한 원의 성질은 일상에서 매우 만족스럽게 적용되었다. 이제 지리학에서 자주 필요한 다음 문제의 해법에서 발견되는 한 가지 적용 사례를 보일 것이다.

A, B, C(그림 22)는 각각의 거리 AB, BC, AC를 알고 있는 세 지점이다. 세 곳을 모두 볼 수는 있지만 조작하기 위해 걸어 나갈 수 없는 점 D가 세 지점으로부터 얼마나 떨어져 있는가를 아는 것에 대한 것이다.

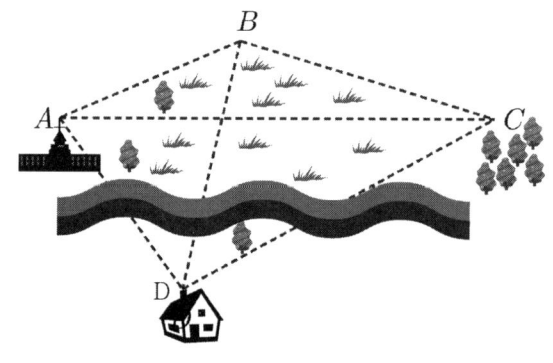

그림 22

세 점 A, B, C(그림 22)와 같은 방법으로 위치하는 세 점 a, b, c(그림 23)를 종이 위에 그리는 것으로 시작한다. 기하학의 용어로 말하면, 삼각형 ABC와 닮음인 삼각형 abc를 그린다.

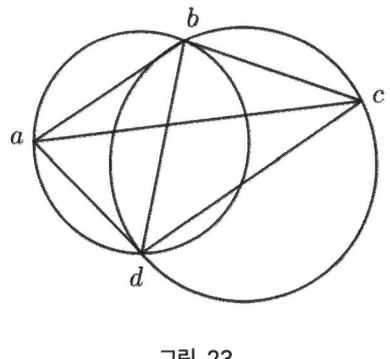

그림 23

그 다음 각 ADB, BDC의 크기를 반원[21])으로 관측함으로써, ab 위에 각 ADB를 원주각으로 하는 활꼴 bda와 bc 위에 각 BDC를 원주각으로 하는 활꼴 bdc를 그리면, 이 두 활꼴의 교점 d는 장소 D의 위치를 종이 위에 표시한다. 즉 선분 da, db, dc의 ab, bc, ac에 대한 비는 구하는 거리 DA, DB, DC의 주어진 거리 AB, BC, AC에 대한 비와 같다. 이것은 닮은 도형에 대해 본 것에 따라 증명이 필요 없다.

---

21) 제1장 59절에서 소개한 각의 측정 도구임을 상기하자.

한 원에서 두 현이 만나면, 하나의 부분들의
직사각형은 다른 것의 부분들의 직사각형과 같다.

일상에서 방금 증명한 원의 성질들로부터 다른 유용한 성질을 유도할 수 있음을 쉽게 보일 수 있다. 그러나 우선 앞에 나온 성질들로부터 유도되며, 나름대로 유용성을 지닌 원의 다른 성질들에 대해 언급하는 것이 좋겠다.

이 성질들을 순서에 따라 발견하기 위해, 우선 같은 호 EC(그림 24)에 대한 임의의 두 각 EDC, EBC는 같으므로, 결과적으로 삼각형 DAE, BAC의 세 각의 크기는 각각 같다는 것을 주목할 것이다. 즉, 이 두 삼각형은 닮음이다(제1장 39절).

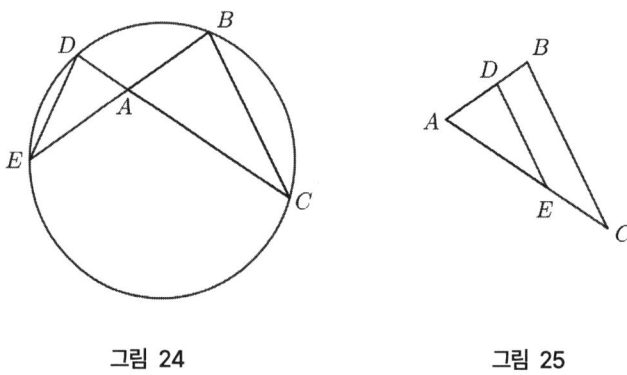

그림 24 그림 25

왜냐하면, 각 EDC가 각 EBC와 같다는 것과 같은 이유에서 각 DEB는 각 DCB와 같다. 그리고 각 DAE와 BAC에 관해서는, 그것이 같은 직선들로 이루어지기 때문이든, 또는 두 삼각형에서 두 각의 크기가 각각 같으면 세 번째 각 역시 같을 수밖에 없기 때문이든(제1장 38절) 명백히 같다.

이어서 삼각형 ADE와 ABC에서 닮은 삼각형의 일반적인 성질을 더욱 쉽게 알아보기 위해, DE를 BC에 평행이 되도록 AD를 AB 위에, AE를 AC 위에 놓으면서 삼각형 DAE를 삼각형 BAC 위에 댈 것이다(그림 24와 25). 그때 다음을 상기한다.

1. 두 삼각형 ADE와 ABC가 닮음이라면 네 변 AC, AE, AB, AD는 비례식을 이룬다(제1장 39절).
2. 모든 비례식에서 외항의 곱은 내항의 곱과 같다(제2장 8절). 이로부터 매우 주목할 만한 원의 성질인 AC와 AD의 직사각형, 즉 곱은 AE와 AB의 직사각형과 같음을 결론 내린다. 다음과 같이 진술할 수 있다. 한 원에서 서로 만나는 두 현을 임의로 그으면, 하나의 두 부분의 곱은 다른 것의 두 부분의 곱과 같다.

한 원의 지름에 대한 임의의 수선의 정사각형은 지름의 두 부분의 직사각형과 같다.

두 선분 BE와 DC(그림 26)가 수직으로 만나고 이 두 선분 중 하나가 지름 DC라면, 다른 선분 BE의 두 부분 AB와 AE는 서로 같음이 분명하다. 따라서 앞의 성질은 이 특별한 경우에 다음과 같이 진술된다. 원의 지름 DC 위에 임의의 수선 AB를 올리면, 이 수선의 정사각형은 AD와 AC의 직사각형과 같다.

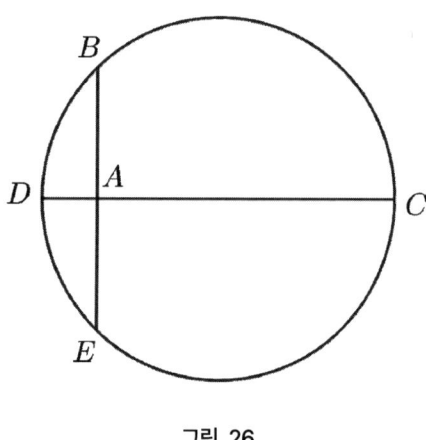

그림 26

직사각형을 정사각형으로 바꾸기

직사각형을 정사각형으로 바꿀 필요가 종종 있다. 앞 절이 한 가지 쉬운 방법을 제공한다. ACFE(그림 27)를 주어진 직사각형이라 하자. AD가 AE와 같도록 AC를 D까지 연장하고, 지름이 DC인 반원 DBC를 그린다. 이어 변 EA를 반원과 만날 때까지 연장함으로써, 주어진 직사각형 ACFE와 넓이가 같은 구하는 정사각형 ABGH의 변인 AB를 얻는다.

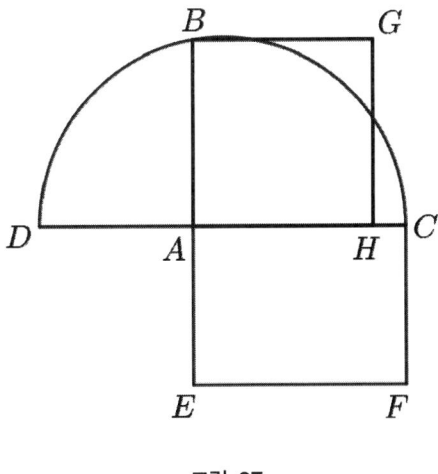

그림 27

26. 두 선분 사이의 비례평균[22]이 무엇인지 – 그것을 찾는 방법

우리는 방금 풀었던 것에 불과한 문제를 종종 달리 표현하여 제시하기도 한다. 그것은 주어진 두 선분 사이의 비례평균인 선분을 찾는 것이다. 여기서 비례평균이란 주어진 두 선분 중 더 긴 것에 비해 짧은 만큼 더 짧은 것에 비해 긴 선분을 의미한다. 다시 말해, 예컨대 AB가 AD와 AC 사이의 비례평균이라면 AD대 AB는 AB대 AC라고 말할 수 있다. 그런데 이 문제는 앞 문제와 같다는 것을 아주 쉽게 알 수 있다. 왜냐하면(제2장 8절) AD와 AC의 곱, 즉 이 두 선분으로 이루어진 직사각형은 AB와 AB의 곱, 즉 AB를 한 변으로 하는 정사각형과 같기 때문이다.

따라서 주어진 두 선분 사이의 비례평균을 찾고자 할 때, 이 두 선분의 직사각형을 정사각형으로 바꾸면, 그 정사각형의 변이 구하는 선분이다.

---

[22] 비례중항을 뜻한다.

또한 두 선분 사이의 비례평균을 13절에서 설명한 원의 성질로부터 함의되는 다른 방법으로 찾을 수도 있다. AC(그림 28)를 주어진 두 선분 중 더 긴 것, AD를 더 짧은 것이라 하자. AC 위에 수직으로 DB를 올리면 그것이 지름 AC에 그린 반원 ABC와 만나는 점 B는 AD와 AC 사이의 비례평균인 선분 AB를 준다. 왜냐하면, BC를 그음으로써 삼각형 ABC는 B에서 직각임이 분명하다. 따라서(제1장 38절) 이 삼각형과 삼각형 ABD는 더욱이 공통각 A를 갖기 때문에 닮음이다. 그런데 삼각형 ADB와 ABC가 닮음이라면 그 변은 비례하므로, AD대 AB는 AB대 AC와 같다. 따라서 AB는 AD와 AC 사이의 비례평균이다.

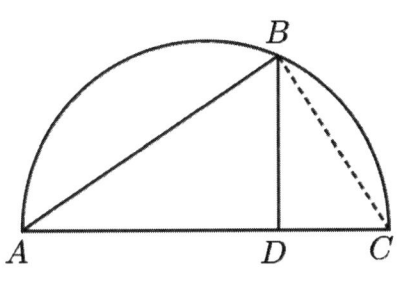

그림 28

다각형을 정사각형으로 바꾸기

임의의 다각형을 정사각형으로 바꾸고자 하면, 이 문제를 25절로 가져가기 위해 그 다각형으로부터 직사각형을 만들기만 하면 된다. 다각형은 삼각형들의 모임일 뿐이며, 각 삼각형은 밑변과 높이가 각각 같은 직사각형의 반이고, 그 삼각형들에서 비롯되는 모든 직사각형은 모두에게 공통 높이를 줌으로써(제2장 6절) 하나의 직사각형으로 만들 수 있기 때문에 매우 쉬운 일이다.

둘레를 호가 둘러싸는 도형 역시 호의 길이를 실제로 측정한다면 정사각형으로 바꿀 수 있다. 다각형과 마찬가지로 이 도형을 직사각형으로 바꿀 수 있기 때문이다. 이를 위해 모든 종류의 원형 도형을 측정하는 것을 배웠던 9절과 10절에 의존한다.

30. 주어진 정사각형과 주어진 비의 정사각형 그리기

24절에서 설명된 원의 성질로부터, 주어진 정사각형과 주어진 비[23]를 갖는 정사각형을 그리기 위한 매우 쉬운 방법도 유도한다. 이것은 제2장의 22절에서 약속했던 문제이다.

예를 들어, 정사각형 ABCD(그림 29)에 대해 선분 M 대 선분 N의 비인 정사각형을 그리고자 한다고 가정하자. CB 대 BE가 선분 N 대 선분 M과 같도록 변 CB를 점 E에서 나눈다(제1장 41절). 그 다음 AB에 평행선 EF를 그으면, 직사각형 ABEF는 구하는 정사각형과 넓이가 같다. 이제 이 직사각형을 정사각형으로 바꾸기만 하면 된다.

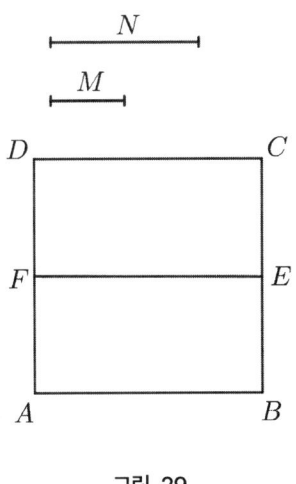

그림 29

---

23) 넓이비를 뜻한다.

31

주어진 다각형과 주어진 비의 닮은 다각형 그리기

주어진 다각형 ABCDE(그림 31)에 대해 선분 Y에 대한 선분 X의 비와 같은 닮은 다각형 HIKLM(그림 30)을 그리기 원한다면, 우선 주어진 다각형 ABCDE의 변 AB 위에 정사각형 ABGF를 그린다. 그 다음 정사각형 ABGF에 대해 선분 X대 선분 Y와 같은 정사각형 HIOQ를 찾는다. 그리고 나서 이 정사각형의 변 HI 위에 처음에 주어진 ABCDE와 닮음인 다각형 HIKLM을 그리면, 이 새로운 다각형이 구하는 다각형이다. 닮은 도형의 비[24])는 그 대응변의 정사각형의 비와 같다는 것(제1장 47절)을 기억한다면, 그 이유를 쉽게 알 수 있다.[25])

---

24) 두 닮은 평면도형과 관련한 것이므로, 엄밀히 말하면 넓이비를 의미한다.
25) 주어진 다각형과 주어진 비의 닮은 다각형이란 것은 대응변의 길이의 비가 아니라 넓이의 비를 의미하는 것이다. 다시 말해 주어진 비가 X:Y이면 넓이비가 X:Y인 두 닮은 도형을 찾는 것이다. 오늘날의 닮음비 개념에 따라 대응변의 비를 X:Y로 한다면 넓이비는 $X^2:Y^2$이 되기 때문에 부적절하다. 따라서 30절을 이용하여 주어진 다각형의 한 변 위에 그린 정사각형과 넓이비가 X:Y인 정사각형을 그리고 그 변 위에 닮은 다각형을 그린다면, 두 다각형의 넓이비는 대응변의 제곱비, 즉 두 정사각형의 넓이비이므로 X:Y가 되어 구하고자 한 것에 합당하다. 그림 30과 31에서 말하자면, HI:AB≠X:Y, □HIOQ:□ABGF=X:Y이다.

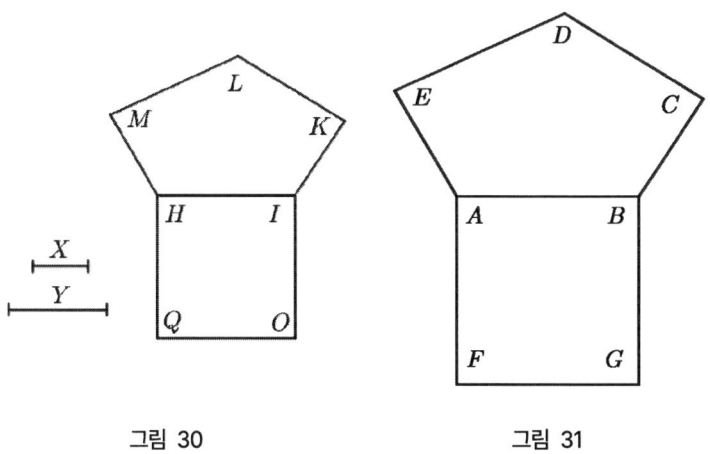

그림 30   그림 31

주어진 원과 주어진 비의 원 그리기

  주어진 원의 넓이에 대한 비가 X대 Y인 넓이의 원을 그리고자 한다면, 이 주어진 원의 반지름을 한 변으로 하는 정사각형에 대해 X대 Y인 정사각형을 작도해야 한다. 그러면 이 새로운 정사각형의 변이 구하는 원의 반지름이다.

33.

원 밖에서 잡은 한 점으로부터 원을 지나는 두 선분을 그으면, 이 선분과 그것의 바깥 부분으로 이루어진 두 직사각형은 같다.

여기에 앞 문제들을 제공한 성질로부터 유도되는 원의 성질이 또 하나 있다. 원 밖에서 잡은 점 A(그림 32)로부터 각각 원주와 두 점에서 만나는 임의의 두 선분 ABC와 ADE를 긋고, 그리고 선분 CD와 BE를 그으면 삼각형 ACD와 AEB는 닮음이다. 왜냐하면 각 A가 두 삼각형에 공통이고, 게다가 같은 원주각 C와 E를 갖기 때문이다. 그런데 삼각형 CAD와 EAB가 닮음이라는 사실로부터 네 선분 AB, AD, AE, AC는 비례식을 이루고, 결과적으로 두 선분 AB와 AC의 직사각형은 두 선분 AD와 AE의 직사각형과 같음이 뒤따른다. 이것을 다음과 같이 표현할 수 있다. 만약 원 밖에서 잡은 임의의 한 점 A로부터 이 원을 지나는 임의의 두 선분 AC와 AE를 그으면, 선분 AC와 그것의 바깥 부분 AB의 직사각형은 선분 AE와 그것의 바깥 부분 AD의 직사각형과 같다.

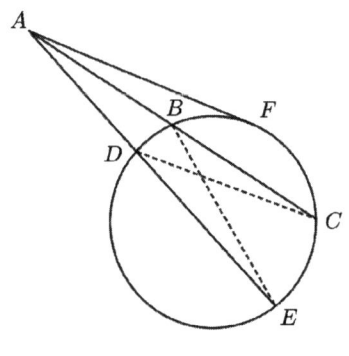

그림 32

접선의 정사각형은 할선과 그것의 바깥 부분의 직사각형과 같다.

 점 A로부터 출발하는 선분이 원을 자르는 대신 AF처럼 단지 원에 접하기만 한다면, 앞의 성질은 다음과 같이 변한다. 접선 AF의 정사각형은 임의의 할선 AE와 그것의 바깥 부분 AD를 곱한 직사각형과 같다. 이것은 증명하기 아주 쉽다. 왜냐하면 원에 접하는 직선 AF를 무한히 근접하는 두 점에서 원을 자르는 직선으로 본다면, 그때 선분 AB와 AC는 같은 선분 AF일 뿐이며, 그리고 AB와 AC의 직사각형 대신에 AF의 정사각형이 되기 때문이다.

원 밖에 주어진 한 점으로부터 원에 접선 긋기

앞 절에서 증명한 명제는 접선 AF의 정사각형의 크기를 가르쳐주지만, 주어진 점 A(그림 33)로부터 이 접선을 긋는 것에 대해 가르쳐주지는 않는다. 접선을 긋기 위해 반지름 FG가 접선 FA에 수직이라는 사실(19절)을 다시 떠올린다. 그러면 주어진 원 위에서 각 AFG가 직각이 되는 점 F를 찾는 일만 남는다. 따라서 AG 위에 반원을 그려, 그것이 원 FKO와 만나는 점이 구하는 점 F이다(13절).

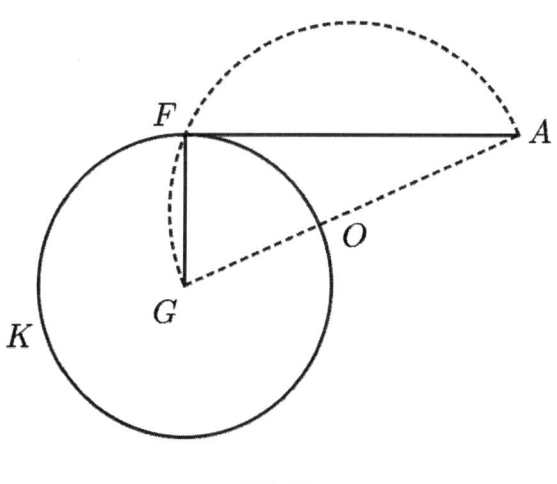

그림 33

Chapter 4

입체와 그 표면을 측정하는 방법

 이 책의 1~3장에서 확립한 원리는 이제 다루려는 문제들보다 훨씬 어려운 문제들을 해결하기에 충분하다. 그러나 이제 입체, 즉 동시에 3차원 - 가로, 세로, 높이 - 을 갖는 한정된 공간의 측정으로 넘어가는 것은 앞서 좇았던 순서의 연장선이다.

 이 연구는 의심할 바 없이 기하학자들이 주목할 수 있던 초기 대상들 중 하나였다. 예를 들어 높이가 AD, 폭이 AB, 깊이, 즉 두께가 BG인 벽에(그림 34) 몇 개의 건축용 석재가 놓이는가 알고자 했을 것이다. 또는 요새나 저수지 ABCD(그림 35)가 담는 물의 양을 결정하고자 했을 것이며, 탑, 오벨리스크, 집, 종탑 등의 부피를 구하고자 했을 것이다.

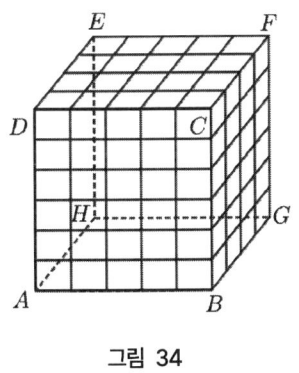
그림 34

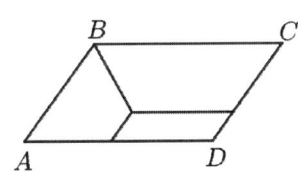
그림 35

3차원을 갖는 도형을 다루기 위해 2차원 도형을 다루었던 것과 동일한 방식으로, 평면들로 둘러싸인 입체를 조사하는 것에서 시작할 것이다.

　이 입체들의 표면을 측정하는 방법에 대해서는 말할 필요가 없다. 그것은 다각형의 모임일 뿐이다. 따라서 입체의 겉넓이는 제 1장에서 말했던 것에 달려있다.

정육면체는 6개의 정사각형으로 둘러싸인 입체도형이다.
이는 입체의 공통 척도이다.

평면도형의 넓이를 측정하기 위해 정사각형과 결부시켰던 것처럼, 입체의 부피를 측정하기 위해 모든 입체를 가장 간단한 입체와 결부시키는 것은 자연스럽다. 여기서 가장 간단한 입체, 그것은 정육면체이다. 결국 입체에서의 정육면체는 평면에서의 정사각형에 대응한다. 다시 말해 가로, 세로, 높이가 같은 abcdefgh(그림 36)와 같은 공간이며, 또는 달리 표현하여 6개의 합동인 정사각형 면으로 둘러싸인 도형이다.

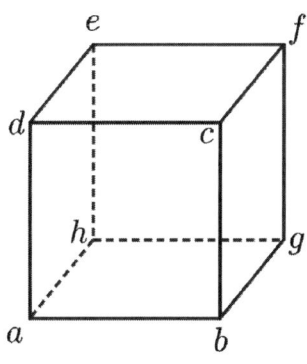

그림 36

면이 되는 정사각형의 변을 정육면체의 모서리라고 부른다.[26]

1세제곱미터란 모서리가 1미터인 정육면체를 의미한다. 마찬가지로 1세제곱센티미터는 모서리가 1센티미터인 정육면체이다.

---

[26] 원문에서는 2차원에서의 변과 3차원에서의 모서리를 같은 용어 côté로 표현하고 있다.

2

직육면체는 6개의 직사각형으로 둘러싸인 입체이다.
평행인 평면은 서로 항상 같은 거리를 유지하는
평면이다.

가장 흔히 측정해야 하는 입체는 6개의 직사각형 면 ABCD, CBGF, CFED, DEHA, GFEH, ABGH로 둘러싸인 도형 ABCDEFGH(그림 34)이다. 우리는 이 입체를 직육면체라고 부른다. 왜냐하면 어디서나 같은 거리를 유지하는 직선들을 평행이라 부르는 것과 마찬가지로, 모든 점에서 서로 같은 거리를 유지하는 마주하는 면들을 소위 평행이라 하기 때문이다.[27]

---

27) 이 설명은 우리의 용어 직육면체와는 관련없고, 직육면체를 뜻하는 불어 parallélépipède(평행육면체)에 해당하는 설명이다.

직육면체의 부피

 그래서 이런 종류의 입체를 측정하고자 하면, 이 문제와 직사각형의 측정과 관련된 문제 사이의 유사성이 용이한 해결 방법을 제공할 것이다.
 먼저 주어진 도형의 높이 AD, 가로 AB, 세로 BG를 미터로든 센티미터로든 각각 측정할 것이다. 그 다음 찾은 세 수를 서로 곱하면, 이 곱의 결과는 세 개의 치수가 미터로 또는 센티미터로 측정되었는가에 따라 그 직육면체가 몇 개의 세제곱미터 또는 세제곱센티미터를 포함하는지를 나타낸다. 이 조작이 어떻게 이루어지는가를 더 잘 보이기 위해 그에 관한 예를 제시한다.
 높이 AD가 6미터, 가로 AB가 5미터, 세로 BG가 4미터라고 하자. 직사각형 ABCD는 6×5, 즉 30 제곱미터이다(제1장 12절). 그 다음 모두 똑같이 입체의 세로를 측정하는 선분 BG, CF, DE, AH를 각각 4등분하여, 대응하는 분할점을 그만큼의 서로 평행인 평면들로 지나게 한다고 상상하면, 이 평면들은 주어진 직육면체를 각각 세로가 1미터이고 모두 합동인 4개의 직육면체로 나눌 것이다. 여기서 그 도형을 단지 살펴보기만 해도 이 직육면체 중 첫 번째 것이 30개의 세제곱미터를 포함한다는 것을 알 수 있다. 왜냐하면 그 표면 ABCD가 30개의 제곱미터를 포함하기 때문이다. 따라서 전체 입체 ABCDEFGH는 4×30, 즉 120개의 세제곱미터를 포함한다.

> 직육면체는 한 직사각형이 그 자신에 대해 평행하게 움직여서 생긴다.

직육면체를 만들기 위해 실제로 이용할 수 있는 여러 가지 방법을 설명하는 데 집착하지 않을 것이다. 왜냐하면 이 방법들은 대부분 발견하기가 아주 쉬워서 상상하지 못할 사람이 아무도 없기 때문이다. 다만 다른 어떤 방법보다 고려하기에 더 유용한 다음과 같은 직육면체의 형성 방법을 제시할 것이다.

정사각형 또는 직사각형 ABGH가, 그 네 각 A, B, G, H가 직사각형 ABGH 평면에 수직인 네 선분 AD, BC, GF, HE 중 하나씩을 각각 주파하도록 자신에 대해 평행하게 움직인다고 생각하면, 그 직사각형은 우리가 방금 묘사한 이동에 의해 직육면체 ABCDEFGH를 형성한다.

> 한 평면에 수직인 직선은 이 평면 위의 어떤 변으로도 기울지 않은 직선이다. 한 평면에 수직인 평면도 마찬가지이다.

한 평면에 수직인 직선이란 이 평면 위의 어떤 변에도 기울지 않은 직선을 의미하며, 마찬가지로 한 평면 위의 한 변에 대해, 다른 변에 대해보다 더 기울지 않은 평면을 앞 평면에 수직이라고 한다는 것을 알려주는 것은 헛수고에 가깝다. 이 두 정의는 한 직선의 수선에 대해 했던 것과 유사하다.

한 평면에 수직인 직선은 그것이 평면과 만나는 점에서 출발하는, 이 평면의 모든 직선에 수직이다.

결과적으로, 평면 X(그림 37)에 수직인 직선 AB는 이 수선의 발 A로부터 출발하고 이 평면에 있는 모든 직선 AC, AD, AE 등과 수직임에 틀림없다. 왜냐하면 그것이 이 직선들 중 하나로 기운다면 평면의 어떤 변 쪽으로 기울 것이 분명하고, 그러면 그 직선은 평면에 수직이 아니기 때문이다.

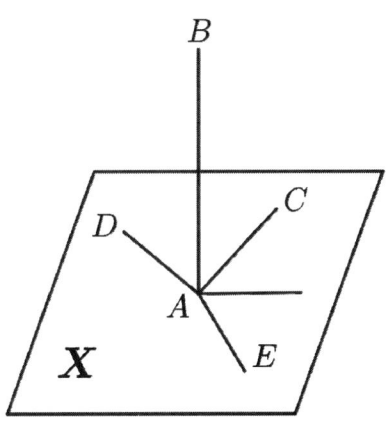

그림 37

어떻게 선분 AB가 그 끝점 A로부터 출발하는 모든 직선에 수직일 수 있는지 매우 지각적인 방법으로 나타내기 위해, 한 도형에 다음과 같은 방법으로 입체감을 주기만 하면 된다.

마분지처럼 접기 쉬운 재료로 직사각형 FGDE(그림 38)를 만들어 변 ED와 FG에 수직인 선분 AB로 이등분한다. 그 다음, 이 직사각형을 선분 AB를 따라 접은 채 평면 X(그림 39) 위로 옮긴다. 접은 직사각형 EADGBF의 두 부분 FBAE와 GBAD를 얼마만큼 벌리더라도, 선분 AB의 평면 X에 대한 위치에는 변함 없이 이 두 부분이 평면 X에 항상 닿아있는 것이 분명하다. 따라서 이 선분 AB는 그 발로부터 출발하고 평면 X에 있는 모든 직선에 수직이다. 왜냐하면 접은 직사각형의 변 AE와 AD가 우리가 방금 설명한 움직임에 의해 연속적으로 이 직선들 각각에 닿을 것이기 때문이다.

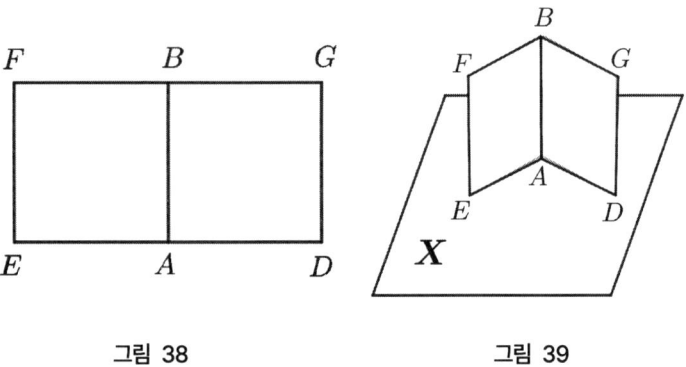

그림 38   그림 39

평면에 수선을 올리거나 내리기 위한 간단한 실행

앞에서 만든 것을 이용하면 평면 위에 주어진 한 점으로부터 그 평면에 수선을 올리거나, 평면 밖에 잡은 한 점으로부터 그 평면에 수선을 내리기가 매우 편리하다. A(그림 40)처럼 주어진 점이 평면 안에 있거나, 또는 H처럼 평면 밖에 있다면, 평면 X 위에서 직사각형 EFBGDA를 접은 선 AB가 주어진 점에 닿을 때까지 항상 움직일 수 있고, 두 경우 모두에서 AB는 구하는 수선이 된다.

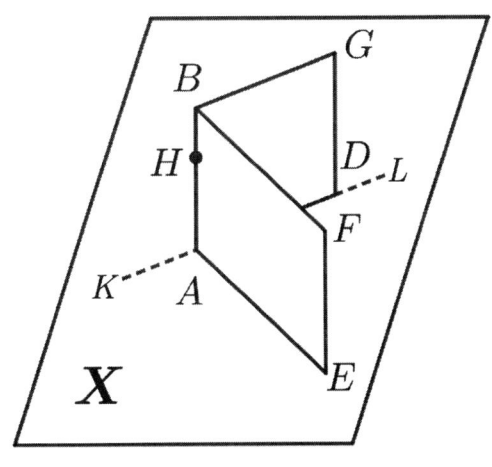

그림 40

한 직선이 그것이 평면과 만나는 점에서 출발하는
평면의 두 직선에 수직이면, 그 평면에 수직이다.

결과적으로 또한, 직선 AB가 평면 X의 두 직선 AE와 AD에 수직일 때마다 직선 AB는 그 평면에 수직이다. 그때 AB는 직사각형의 접힌 변 중 한 쪽은 AE에 닿고, 다른 한 쪽은 AD에 닿는 직사각형의 접은 선으로 간주될 수 있기 때문이다. 그래서 이 접은 선은 평면 X에 수직이다.

한 평면에 수직인 평면을 세우는 방법

평면 X에 놓인 임의의 직선 KL 위에 그 평면에 수직인 평면을 세우고자 한다면, 이를 위해 접은 직사각형 GBFEAD를 다시 이용할 수 있다. 이 접은 직사각형의 부분 중 하나인 ADGB의 변 AD를 직선 KL 위에 놓기만 하면, 이 부분 ADGB의 평면이 곧 구하는 평면이다.

한 평면에 평행인 평면

제 3의 평면 Y를 접은 직사각형의 두 변 FB와 BG 위에 놓는다면(그림 41), 이 평면 Y도 또한 직선 AB에 수직이며, 결과적으로 평면 X에 평행이라는 것을 쉽게 알 수 있다.

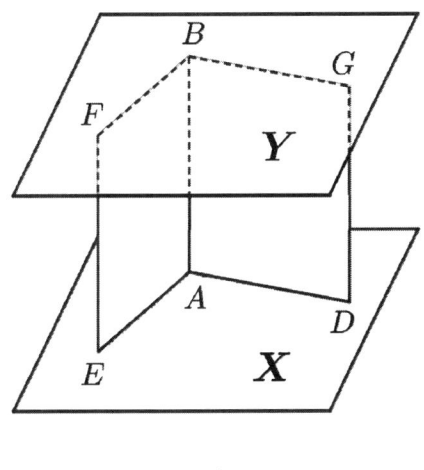

그림 41

따라서 평면 X에 같은 길이의 세 수선 EF, AB, DG를 일직선상에 놓이지 않도록 올린다면 세 점 F, B, G를 지나는 평면 Y는 평면 X에 평행이다.

12 한 평면의 다른 평면에 대한 기울기 측정하기

두 평면이 평행이 아닐 때, 그 두 평면이 이루는 각 역시 접은 직사각형을 이용하여 쉽게 알 수 있다. 전 과정을 거쳐보자. 이 직사각형의 두 부분 중 하나인 ABGD를 평면 X 위에 댈 것이다(그림 42). 각 EAD 또는 그와 같은 FBG는 평면 EABF의 평면 DABG에 대한 기울기를 측정하는 것이 분명하다. 이때, AB가 이 두 평면의 공통 부분이고, EA와 AD가 각각 AB에 수직임을 주목한다면, 다음과 같은 규칙을 어려움 없이 이끌어 낼 것이다.

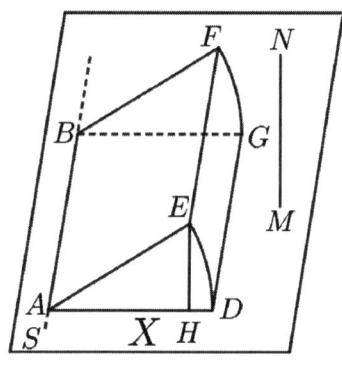

그림 42

평행이 아닌 두 평면이 주어질 때, 그들의 공통부분이 되는 직선을 찾는 것으로 시작해야 한다. 그 다음 이 직선의 임의의 한 점으로부터 그 직선에 수선을 두 평면 각각에 하나씩 긋는다. 이 두 수선이 만드는 각은 주어진 두 평면이 만드는 각을 측정한다.

평면에 대한 직선의 기울기 측정하기

ABFE가 접은 선 AB 둘레로 움직이는 동안, 끝점 E가 호 ED를 그리는 선분 AE는 평면 X에 수직인 평면 EAHD를 결코 벗어나지 않으며, 직선 EA의 평면 X에 대한 기울기는 각 EAD에 불과하다는 것을 쉽게 알 수 있다. 따라서 임의의 직선 EA의 평면 X에 대한 기울기는 이 직선과 직선 AD (이 직선은 직선 AE의 임의의 점 E로부터 평면 X에 내린 수선 EH가 평면과 만나는 점 H와 점 A를 지나는 직선이다.) 사이에 만들어진 각 EAH에 의해 측정된다는 것을 매우 쉽게 발견한다.

주어진 평면에 수선을 내리는 새로운 방법

앞 절에서 방금 이용한 도형을 잘 살펴보기만 해도 평면 X 밖의 한 점 E로부터 이 평면에 수선 EH를 내리는 새로운 방법을 얻을 수 있다.

평면 X에 임의의 직선 BAS를 긋고, 주어진 점 E로부터 이 직선에 수선 EA를 내린다. 그리고 나서, 이 수선의 발 A로부터, 평면 X에서 AB에 수선 AD를 올린다. 이어서 주어진 점 E로부터 직선 AD에 수선 EH를 내리면, 이 직선은 평면 X에 수선이다.

주어진 평면에 수선을 올리는 두 번째 방법

이상으로부터 평면 X 위에 주어진 한 점 M으로부터 이 평면에 수선 MN을 올리는 두 번째 방법을 유도한다.

평면 X 밖에서 잡은 임의의 점 E로부터 이 평면에 수선 EH를 내린 다음, 주어진 점 M을 지나고 HE에 평행인 직선 MN을 긋는다. 그 직선이 평면 X에 수선이다.

직각기둥은 마주보는 두 밑면이 합동인 다각형이고 나머지 면은 직사각형인 입체도형이다.

직육면체 다음으로 가장 간단한 입체는 직각기둥이다. 이것은 도형 ABCDEFGHIKLM(그림 43)으로, 마주하고 평행인 두 밑면은 하나의 변 GF, FE 등이 다른 하나의 변 BC, CD에 평행하게 놓인 합동인 다각형이며, 다른 면들은 직사각형 ABGH, BGFC 등이다.

직각기둥의 형성

기하학자들은 직각기둥이 직육면체와 마찬가지로, 밑면 ABCDLM이 그 각 A, B 등이 밑면에 수직인 직선들을 따르는 방식으로 자신에게 평행하게 움직임으로써 형성된다고 제안한다.

여러 종류의 직각기둥을 구별하기 위해, 그 밑면이 되는 다각형의 이름을 첨가한다. 예를 들어, 육각기둥은 밑면이 육각형인 직각기둥이다.

밑면이 합동인 두 각기둥은 높이에 비례한다.

모든 종류의 직각기둥을 측정하는 방법을 찾기 위해, 우선 밑면이 합동인 두 직각기둥으로부터, 높이가 더 큰 것이 높이가 더 큰 만큼의 같은 비로 부피 역시 더 크다는 것을 관찰한다.

높이가 같은 두 각기둥은 밑면에 비례한다.

이어서, 높이는 같지만, 하나의 밑면이 다른 것의 밑면을 몇 배만큼 포함하는 두 직각기둥은 그 밑면의 비와 같다는 것을 지적할 것이다. 이 명제의 진리여부는 17절에서 설명한 각기둥의 형성에 주목함으로써 쉽게 파악된다. abcdefghiklm과 ABCDEFGHIKLM(그림 43과 44)을 높이가 같고 더 작은 것의 밑면 abcdlm이 밑면 ABCDLM의 예컨대 $\frac{1}{4}$인 두 각기둥이라고 하자. 두 각기둥은 이 두 밑면의 이동에 의해 만들어지기 때문에, 결과적으로 두 밑면을 포함하는 평면에 평행인 임의의 평면은 두 각기둥에서 각각이 잘린 각기둥의 밑면과 합동인 두 개의 다각형을 잘라낼 것이다. 다시 말해, 큰 각기둥의 단면은 항상 작은 것의 단면의 4배이다. 따라서 각기둥 ABCDEFGHIKLM은 모두 각기둥 abcdefghiklm의 단면의 4배인 단면들로 이루어진 것으로 볼 수 있고, 결과적으로 전자의 부피는 후자의 부피의 4배이다.

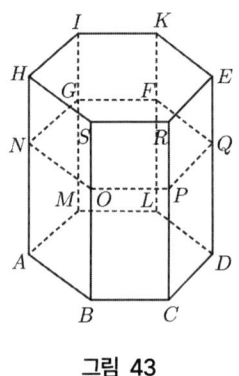

그림 43

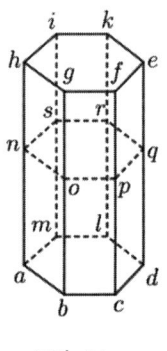

그림 44

직각기둥의 부피는 밑면과 높이의 곱이다.

이 두 가지를 고찰한 후에, 모든 직각기둥을 측정하기 위한 다음의 규칙을 만드는 것은 어렵지 않다.

우선 주어진 각기둥의 밑면의 넓이를 제곱미터 또는 제곱센티미터 등으로 측정한 다음, 구한 수를 각기둥의 높이가 포함하는 미터 또는 센티미터의 수로 곱한다. 그 곱은 주어진 각기둥에 포함된 세제곱미터 또는 세제곱센티미터의 수이며, 결국 부피가 된다.

빗각기둥은 옆면이 직사각형이 아니라 평행사변형이라는 점에서 직각기둥과 다르다.

각기둥이라는 이름이 앞서와 마찬가지로 두 밑면은 합동인 다각형이지만 다른 면들은 직사각형인 대신에 평행사변형인 입체(그림 45)에도 부여된다. 이 새로운 각기둥을 이미 언급한 각기둥과 구분하기 위해, 직각기둥이라 불렀던 것과 대조적으로 빗각기둥이라 부른다.

빗각기둥의 형성

빗각기둥은 밑면 abcki가 그 각들이 밑면에 수직이 아닌 평행선 ag, bh, cd 등을 따르는 방식으로 자신에게 평행하게 움직임으로써 형성된다는 것을 알 수 있다.

빗각기둥은 밑면과 높이가 각각 같은 직각기둥과 부피가 같다.

빗각기둥의 형성 방법과 우리가 이미 말했던 직각기둥의 형성 방법(17절) 사이의 유사성으로 인해, 빗각기둥의 부피를 쉽게 측정한다. 왜냐하면 빗각기둥 abcdefghik(그림 45)의 옆에 밑면이 같은 직각기둥 ABCDEFGHIK(그림 46)를 떠올려 이 두 각기둥이 평행인 두 평면 사이에 갇혀있다고 상상하면, 이 두 입체의 부피는 절대적으로 같은 것임을 알 수 있기 때문이다.

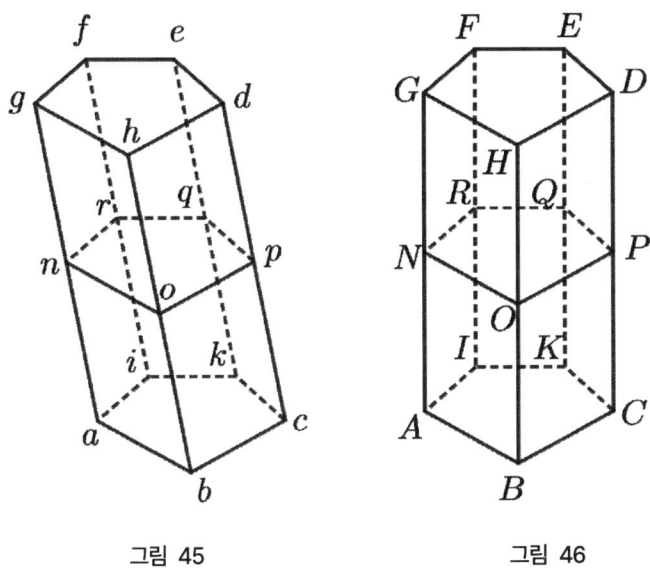

그림 45   그림 46

  높이의 임의의 점 P를 지나 밑면에 평행인 한 평면을 생각하면, 이 평면이 두 각기둥의 각각에서 만드는 단면 NOPQR, nopqr은 이 두 각기둥을 형성하는 이동에 의해 밑면 ABCKI, abcki가 NOPQR, nopqr에 도달한 것으로 볼 수 있다. 따라서 이 두 단면은 같은 다각형이다.

  그런데 동일 평면들로 잘라서 이 두 각기둥에서 생길 수 있는 모든 단면이 같다면, 이 단면들의 모임, 즉 각기둥 역시 같을 것이다.

  이 명제를 보통 다음과 같이 말한다. 빗각기둥은 밑면과 높이가 각각 같은 직각기둥과 부피가 같다. 각기둥의 위쪽 면으로부터 아래쪽 면 또는 그 연장면에 내린 수선을 각기둥의 높이라 한다.

그리고 직육면체는 각기둥 중의 하나에 불과하기 때문에, 우리가 각기둥에 대해 방금 말한 것을 빗육면체, 즉 정사각형이나 직사각형 또는 평행사변형 조차도 그 네 각이 밑면으로부터 비스듬히 올린 평행선을 따르는 방식으로 움직이게 함으로써 이루어지는 도형 abcdefgh로 확장할 것이다. 따라서 빗육면체 abcdefgh(그림 47)는 밑면 abgh가 밑면 ABGH와 합동이거나 넓이가 같고, 평면 dcfe로부터 평면 abgh에 내린 수선이 평면 DCFE로부터 평면 ABGH에 내린 수선과 같다면 직육면체 ABCDEFGH(그림 48)와 부피가 같다.

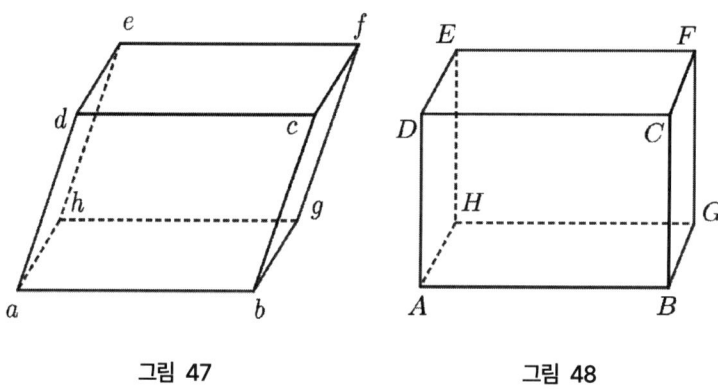

그림 47　　　　　　　그림 48

> 각뿔은 모두 같은 꼭짓점에서 출발하고 임의의 다각형 밑면에서 끝나는 몇 개의 삼각형으로 둘러싸인 입체이다.

직육면체와 각기둥에 관한 것을 보았으므로, 이제 각뿔, 즉 ABCDEFG (그림 49)와 같이 모두 같은 꼭짓점 A로부터 출발하고 밑면인 임의의 다각형 BCDEFG에서 끝나는 몇 개의 삼각형으로 둘러싸인 입체를 조사해 보자. 이런 종류의 입체도형은 건물에서 혹은 그 밖의 공사현장에서 만날 뿐만 아니라, 다각형이 삼각형의 모임인 것처럼 평면으로 둘러싸인 모든 입체가 각뿔의 모임이기 때문에 고려할 필요가 있다. 그것을 확인하기 위해 주어진 입체의 내부에서 임의로 한 점을 잡아 그 점으로부터 입체의 모든 각에 선을 긋기만 하면 된다.

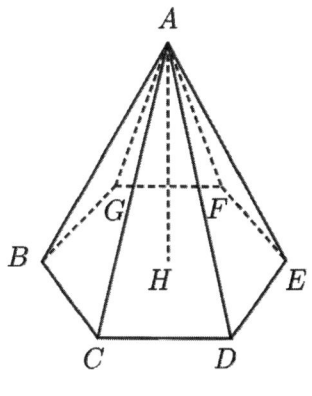

그림 49

각기둥과 마찬가지로, 각뿔을 밑면이 되는 도형의 이름으로 서로 구별한다.

각뿔이 정다각형을 밑면으로 하고, 그림 49에서처럼 그 꼭짓점이 밑면의 중심 H에 수직으로 대응할 때, 그 각뿔을 직각뿔이라 한다. 반대로 그림 51에서처럼 그 꼭짓점이 중심의 수직으로 위쪽에 있지 않을 때에는 빗각뿔이라 한다.

직각뿔이든 빗각뿔이든 모든 종류의 각뿔을 측정하는 방법을 발견하기 위해, 우선 알고 있는 각기둥의 성질로부터 유도할 수 있는 각뿔에 대한 몇 가지 일반적인 생각을 할 것이다.

밑면과 높이가 각각 같은 각기둥이 부피가 같다는 것에 주목할 때, 평행사변형 역시 이와 같은 조건일 때 넓이가 같고 또한 삼각형도 마찬가지임을 떠올리는 것은 자연스럽다. 이 세 가지 진리가 동시에 머리에 떠오른다면, 그 유사성은 평행사변형과 삼각형에 공통인 성질이 각기둥과 각뿔에도 역시 그럴 수 있다고 믿게끔 할 것이다. 따라서 밑면과 높이가 각각 같은 각뿔은 부피가 같지 않을까 하고 짐작할 수 있다.

다음의 생각이 이러한 짐작을 확증할 것이다.

ABCDE, abcde(그림 50과 51)를 높이 AH, ah가 같고 밑면 역시 합동인 두 도형, 예컨대 합동인 두 정사각형 BCDE, bcde인 두 각뿔이라 하자. 이 두 각뿔이 그 밑면에 평행인 무한 평면에 의해 잘린다고 생각하면, 이렇게 각뿔이 잘림으로써 합동인 정사각형 IKLM, iklm이 생기고, 결과적으로 두 각뿔은 이 두 각뿔에서 대응하는 것끼리 각각 합동인 같은 수의 단면들의 모임으로 간주될 수 있다. 그러므로, 단면들의 합은 서로 같다. 즉 두 각뿔은 부피가 같다.

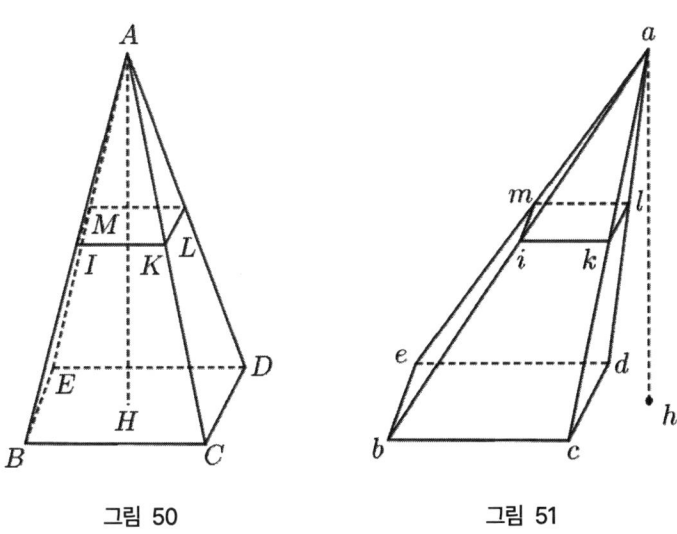

그림 50   그림 51

두 각뿔의 밑면이 정다각형이든 아니든 서로 합동인 다각형 BCDEF,

bcdef(그림 52와 53)이라면, 이 두 각뿔 각각의 단면 IKLMN, iklmn이 모두 서로 합동이라는 것을 다시 생각하지 못하여, 결과적으로 밑면과 높이가 각각 같은 각뿔은 항상 그 부피가 같다는 것을 결론 내리지 못할 사람은 아무도 없다.

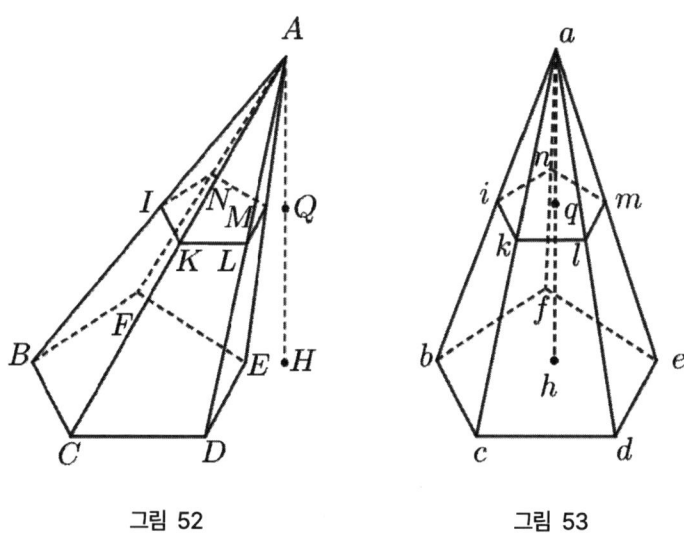

그림 52   그림 53

이러한 사실은 높이가 같은 각기둥의 상등을 증명했으므로 상상하기 쉬울 것이다. 그렇기는 하지만 각뿔의 임의의 단면 IKLMN과 밑면 BCDEF의 닮음과 단면 IKLMN과 iklmn의 합동은 누구나 쉽게 인지할 수 있더라도 엄밀하게 말하면 증명할 필요가 있는 명제이다. 그런데 이 증명을 발견하기 위해 입체도형의 닮음에 관한 여러 가지를 고려해보아야 한다.

두 각뿔의 닮음은 어떤 것인가.

 각뿔 ABCDEF를 다시 잡아 밑면에 평행인 평면 IKLMN으로 자른다고 가정하자. 그 단면, 즉 각뿔에서 이 평면에 의해 형성된 잘린 면이 다각형 BCDEF와 완전히 닮은 다각형이라는 것을, 그리고 각뿔 AIKLMN 그 자체가 각뿔 ABCDEF와 완전히 닮음이라는 것, 다시 말해 이 두 도형의 모든 모서리가 만드는 각들이 각각 같고, 작은 각뿔의 모든 모서리는 큰 각뿔의 모서리와 같은 비를 갖는다는 것을 증명하려고 한다.

우선 두 평면 X와 Y가 평행하고, 점 A로부터 출발하는 임의의 두 직선 ALD와 AME가 이 두 평면을 지나면(그림 54), 점 L, M, D, E를 연결하는 직선 LM과 DE는 평행임을 관찰해본다. 그 이유는 이 두 직선이 평행하지 않다면, 연장하여 어느 부분에서 서로 만날 것인데, 그러나 두 직선이 서로 만난다면, 두 직선이 놓여있고 필요한 만큼 연장해도 벗어날 수 없는 그 평면들 역시 만나므로 두 평면은 평행하지 않게 된다는 것이다. 이것은 우리가 생각하는 것과 마찬가지이다.[28]

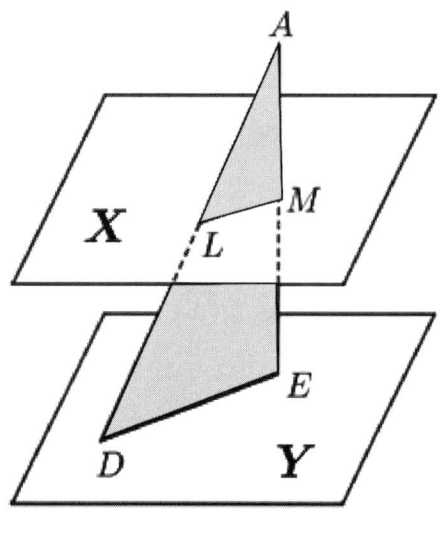

그림 54

---

28) 주어진 명제를 증명하기 위해 명제의 결론을 부정함으로써 가정이 모순임을 보이는 귀류법을 이용한 것이다.

따라서 평면 IKLMN이 평면 BCDEF에 평행(그림 52)이라고 가정하면, 결과적으로 모든 선분 ML, LK, KI, IN, NM은 선분 ED, DC, CB, BF, FE에 평행이고, 따라서 삼각형 ALM, AKL, AIK 등은 삼각형 ADE, ACD, ABC 등에 닮음이다. 이들 삼각형의 변 중 하나, 예컨대 AM을 공통 척도 - 즉 작은 각뿔의 모든 모서리에 대한 척도이며, 그 대응변 AE는 큰 각뿔의 모서리에 척도가 된다. - 로 잡는다면, 다각형 IKLMN의 변 ML, LK, KI 등이 다각형 BCDEF의 변 ED, DC, CB에 비례한다는 것을 쉽게 알 수 있다.

 모든 각 IKL, KLM 등이 각각 각 BCD, CDE와 같다는 것 역시 쉽게 알 수 있다. 왜냐하면 전자는 후자의 변에 평행인 직선들로 이루어지기 때문이다. 따라서 두 다각형 IKLMN과 BCDEF는 닮음이다.

 이때 삼각형 ALM과 ADE, ALK와 ADC 등의 닮음 때문에 모서리 AM, AL, AK 등은 모서리 AE, AD, AC 등에 비례하고 각 ALM, ALK 등은 각각 각 ADE, ADC 등과 같으므로, 두 각뿔 AIKLMN, ABCDEF는 완전히 닮음이다.

결국 점 A로부터 다각형 BCDEF가 작도된 평면에 수선 AH를 긋고, 이 수선이 다각형 IKLMN 평면과 만나는 점을 Q라 하면, 두 각뿔 AIKLMN, ABCDEF의 높이인 선분 AQ, AH는 대응모서리 AM, AE나 AL, AD 등과 같은 비가 성립하는 것이 분명하다. 또는 달리 표현하여, 두 각뿔의 척도로 높이 AQ, AH를 잡는다면, 모서리 AM, AL 등은 모서리 AE, AD 등이 AH의 부분들을 포함하는 만큼 AQ의 부분들을 포함한다.

밑면과 높이가 각각 같은 각뿔은 부피가 같다.

이제 다시 두 각뿔 ABCDEF, abcdef(그림 52와 53)를 동시에 고려하면, 같은 밑면 BCDEF, bcdef와 닮음인 두 단면 IKLMN, iklmn은 서로 닮음임을 알 수 있다. 더욱이 이 두 단면은 그 척도가 각뿔 AIKLMN, aiklmn의 높이인 같은 길이의 선분 AQ, aq이기 때문에, 서로 넓이가 같음을 알 수 있다.

따라서 우리는 각뿔들의 부피가 어떠한지 몰라도, 짐작했던 것처럼(29절) 각뿔의 밑면과 높이가 각각 같으면 부피가 같다는 것을 이미 확신한다.

밑면의 모양은 다르지만 넓이가 같고, 높이가 같은
두 각뿔은 역시 부피가 같다.

두 각뿔의 밑면이 같은 것이라는 조건 대신에 넓이만 같다 할지라도, 그 각뿔들은 역시 부피가 같다. abcdef와 arst(그림 55와 55a)가 같은 높이 ah의 두 각뿔이라 하자. 이 두 각뿔을 밑면에 평행인 임의의 평면으로 자른다면, 넓이 iklmn대 bcdef의 비는 넓이 uxy대 rst의 비와 같을 것이 분명하다. 왜냐하면 닮은 도형인(34절) iklmn, bcdef는 그 척도 aq, ah에 의해서만 구별되고(제1장 48절), 역시 닮은 도형인 uxy, rst도 또한 선분 aq, ah인 그 척도에 의해서만 구별되기 때문이다.

그러나 밑면 rst와 bcdef의 넓이가 같다면, 그것과 비례하는 부분인 uxy, iklmn도 넓이가 같다. 따라서 두 각뿔 arst, abcdef의 모든 단면은 넓이가 같다. 따라서 그 모임, 즉 각뿔 역시 부피가 같다.

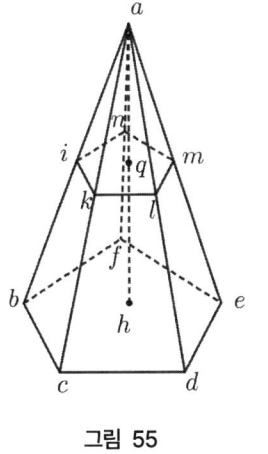

그림 55

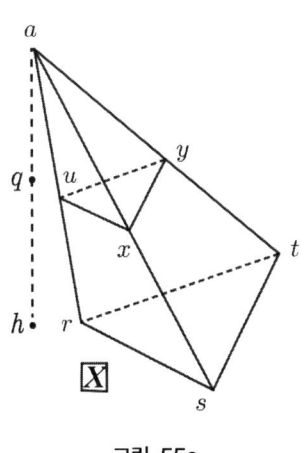

그림 55a

높이가 같은 각뿔은 밑면의 비와 같다.

첫째 각뿔의 밑면 bcdef가 둘째 각뿔의 밑면 rst를 어떤 수만큼 포함한다면, 각뿔 abcdef의 부피는 각뿔 arst의 부피를 같은 수만큼 포함한다.

밑면 bcdef가 밑면 rst와 넓이가 같은 여러 부분들로 나뉘는 경우에는, 각뿔 abcdef를 bcdef의 그 부분들을 밑면으로 하는 다른 여러 각뿔들로 합성된 것으로 생각할 수 있다. 그런데 우리가 앞 절에서 증명했던 것에 따르면 이 새로운 각뿔 각각은 둘째 각뿔 arst와 부피가 같다. 따라서 성립한다.

밑면 rst가 밑면 bcdef에 정확하게 포함되지 않지만 이 두 밑면이 공통 척도 X를 갖는다면, 두 밑면 bcdef, rst 각각을 X와 같은 부분들로 나누어, 두 각뿔 abcdef, arst가 두 밑면이 부분 X를 포함하는 만큼의 모두 서로 부피가 같은 새로운 각뿔들로 이루어진다는 것을 알 수 있다. 따라서 각뿔 abcdef, arst의 부피비는 그 밑면의 비와 같다.

그리고 밑면이 통약불가능하다면, 그럼에도 불구하고 변이 통약불가능한 도형을 비교하는 것과 관련된 비슷한 경우(제2장 28절)에 했던 것과 유사한 귀납을 이용해서, 다시 말해 밑면 rst에 대해서도 밑면 bcdef에 대해서도 공통 척도로 간주될 수 있도록 척도 X를 무한히 줄이는 방식으로, 각뿔이 그 밑면에 비례한다는 것을 항상 보여준다.

높이가 같은 각뿔들은 그 밑면에 비례한다는 것을 발견하고 나면, 각뿔의 부피를 구하는 것이 별로 어려운 일이 아니라는 것을 느낄 것이다.

 왜냐하면 모든 각뿔을 측정하기 위해 단 하나의 각뿔만 측정할 줄 알면 되기 때문이다. 예를 들어 각뿔 ABCDE(그림 56)를 측정할 줄 알고, 이것과 밑면도 높이도 같지 않은 각뿔 ASTVXY(그림 57)의 부피를 구한다고 가정하자. 우리는 각뿔 ASTVXY와 높이가 같고 각뿔 ABCDE와 닮음인 각뿔을 그리는 것으로 시작할 것이다. 이는 아주 쉬운 일이다. 왜냐하면 모서리 AB, AC, AD, AE를 연장하여 그것들을 꼭짓점 A에서의 거리 AG가 높이 AQ와 같은 평면 LMNO로 자르면 충분하기 때문이다(35절).

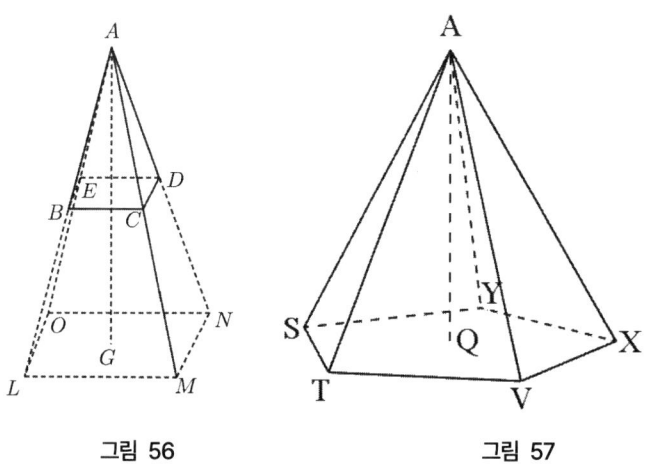

그림 56   그림 57

 그리고 나서, 가정에 의해 각뿔 ABCDE를 측정할 수 있기 때문에, 분명히 그와 닮은 각뿔 ALMNO 역시 측정할 수 있다. 왜냐하면 각뿔 ABCDE를 측정하기 위한 조작이 어떤 것이든 간에, 닮은 각뿔 ALMNO를 측정하기 위해 거기서 다른 척도를 이용한다는 것을 제외하면 줄곧 같은 조작을 할 수 있기 때문이다.

따라서 각뿔 ALMNO를 측정했다고 하자. 그 부피는 문제의 각뿔 ASTVXY의 부피도 결정할 것이다. 왜냐하면 앞 절에 의해 이 두 각뿔은 밑면 LMNO, STVXY의 비와 같기 때문이다. 더욱이 제2장에서 이 두 밑면의 비를 구하는 것을 배웠다.

따라서 모든 각뿔을 측정하기 위해 단 하나의 각뿔만 측정하면 되므로 정육면체 ABCDEFGH의 면 중 하나의 네 각인 A, B, C, H(그림 58)로부터 이 정육면체의 중심, 즉 A, D, B, E 등으로부터 같은 거리에 있는 점 O에 네 개의 선분을 그어서 만들 수 있는 지극히 간단한 것을 생각해 보자.

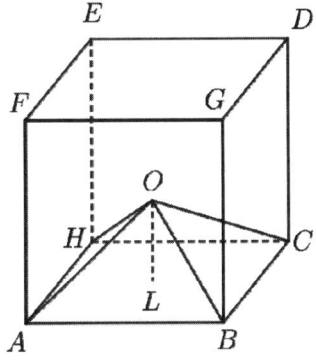

그림 58

정육면체를 각 면을 밑면으로 하는 6개의 유사한 각뿔로 분해할 수 있기 때문에, 위의 각뿔은 정육면체의 $\frac{1}{6}$ 부분이라는 것을 쉽게 알 수 있다. 그런데 정육면체의 부피는 높이 AF와 밑면 ABCH의 곱이다. 따라서 그 각뿔의 부피를 구하기 위해서는, AF와 ABCH의 곱을 6등분해야 한다. 다시 말해, 높이 AF의 $\frac{1}{6}$ 부분과 밑면 ABCH를 곱해야 한다. 그리고 각뿔 OABCH의 높이 OL은 정육면체의 모서리의 반이기 때문에, 높이 AF의 $\frac{1}{6}$ 부분은 높이 OL의 $\frac{1}{3}$ 이다. 결과적으로 각뿔 OABCH의 부피는 높이의 $\frac{1}{3}$ 과 밑면의 곱이다.

임의의 각뿔의 부피는 밑면과 높이의 $\frac{1}{3}$의 곱이다.

임의의 각뿔 OKMNSTV(그림 59)를 측정해야 한다고 가정하자. 주어진 각뿔의 높이 OL의 두 배를 모서리 AB 또는 AF로 하는 정육면체를 상상할 것이다. 그리고 이 정육면체에서 꼭짓점이 중심에 있고 정육면체의 면 중 하나인 ABCH를 밑면으로 하는 각뿔 OABCH를 생각할 것이다. 이 새로운 각뿔은 주어진 각뿔 OKMNSTV와 높이가 같으며, 결과적으로(39절) OABCH의 부피 대 OKMNSTV의 부피는 밑면 ABCH 대 밑면 KMNSTV와 같다. 그런데, 앞 절에 의해 공통 높이 OL의 $\frac{1}{3}$과 밑면 ABCH의 곱이 각뿔 OABCH의 부피이다. 따라서 바로 공통 높이 OL의 $\frac{1}{3}$과 밑면 KMNSTV의 곱이 주어진 각뿔 OKMNSTV의 부피이다.

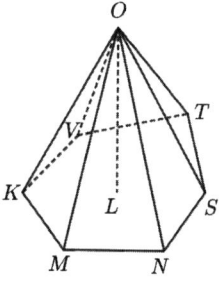

그림 59

그리고 이로 인해, 다음의 일반 정리를 발견한다. 각뿔의 부피는 밑면과 높이의 $\frac{1}{3}$의 곱이다.

각뿔은 밑면과 높이가 각각 같은 각기둥의 $\frac{1}{3}$이다.

각기둥의 부피가 밑면과 높이의 곱이라는 것을 보았기 때문에(21절), 앞 절에 의해 각뿔은 항상 밑면과 높이가 각각 같은 각기둥의 $\frac{1}{3}$이라는 것이 명백하다.

평면으로 둘러싸인 모든 입체를 측정한 다음, 표면이 곡면인 입체를 측정하기 위해 사람들이 따랐을 법한 경로를 찾으려 한다. 그리고 제3장에서 둘레가 원 이외의 다른 곡선을 포함하지 않는 도형들만을 다루었던 것처럼, 곡률이 원형인 입체만을 조사할 것이다.

이 입체들의 조사에서 두 가지 - 겉넓이와 부피 - 를 다룰 것이다. 왜냐하면, 이 입체의 표면은 완전히 곡면이거나 또는 일부는 평면, 일부는 곡면이므로, 그 넓이를 구하기 위해 평면으로 둘러싸인 입체에 대해 했던 대로 제1장을 참조할 수 없기 때문이다.

원기둥은 평행으로 마주하고 있는 합동인 원의 두 밑면과 그 원주 둘레로 구부러진 평면으로 둘러싸인 입체이고, 직원기둥과 빗원기둥으로 구분한다.

모든 곡면체 중 가장 간단한 것은 원기둥이다. 원기둥은 두 밑면 ABC와 DEF가 합동이고 평행인 원이며, 그 두 원이 원주 둘레로 구부러진 평면에 의해 형성된다고 상상할 수 있는 곡면에 의해 연결되는 ABCDEF와 같은 입체이다.

원기둥의 두 밑면이 한 원의 중심 G가 다른 원의 중심 H에 수직으로 대응하는 방식으로 놓일 때(그림 60), 직원기둥이라 한다.

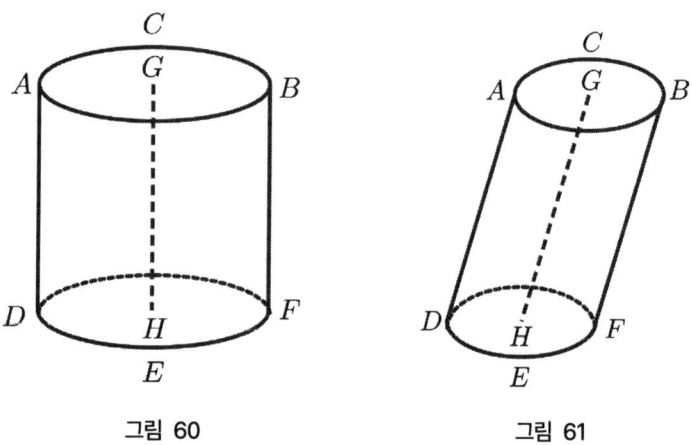

그림 60 그림 61

반대로 두 중심 G와 H를 지나는 직선이 평면 ABC, DEF에 대해 기울 때(그림 61), 그 원기둥을 빗원기둥이라 한다.

원기둥의 형성

앞서 말했던(17절) 각기둥이나 직육면체의 형성과 유사하게 원기둥의 기하학적 형성은, 원의 모든 점이 이 원의 평면 밖으로 세워지는 평행선을 그리기 위해 원을 그 자체에 평행하게 움직이도록 하는 것으로 이루어진다.

직원기둥의 곡면은 높이가 같고 밑변이 원주와 같은 직사각형과 넓이가 같다.[29]

다음과 같은 방법으로 직원기둥의 옆면을 측정할 것이다. 이것은 일상에서 종종 필요한 것이다.

두 원주 ABC, DEF(그림 60)를 각각 같은 개수로 등분하여 분할점을 서로 위, 아래로 대응시키고, 이 조작에 의해 만들어진 두 정다각형의 대응각을 연결하는 직선을 긋는다고 하자. 그러면 원주 ABC, DEF의 각각에 둘러싸인 변의 개수만큼 원기둥의 옆면에 둘러싸인 직사각형들로 옆면이 이루어지는 각기둥을 얻을 것이 명백하다. 그런데 이 모든 직사각형은 각각 그 높이가 AD와 같기 때문에, 그들의 전체 넓이는 높이 AD와 모든 밑변의 합, 즉 원 DEF 또는 ABC에 내접한 다각형의 둘레의 곱이다.

---

29) 원기둥의 옆넓이에 대한 설명으로, 45절로부터 자명하다.

그러나 이 다각형의 변의 개수가 커짐에 따라 다각형의 둘레는 점점 원주와 같게끔, 그리고 각기둥의 옆면은 원기둥의 옆면과 같게끔 접근할 것이기 때문에, 결과적으로 이 다각형의 변의 개수가 무한이 된다고 상상하면, 각기둥은 원기둥에 지나지 않을 것이다. 따라서 직원기둥의 곡면은 높이가 AD이고 밑변이 원주 DEF와 같은 선분인 직사각형과 넓이가 같다.

이 명제는 예컨대 원기둥 모양의 기둥을 싸거나 둥근 탑의 내부를 도배하기 위해 필요한 헝겊을 구하는 데 이용될 수 있다.

빗원기둥의 옆면에 관해서는, 직사각형 대신에 높이가 다른 평행사변형을 갖게 되므로 동일한 방법으로 측정할 수 없다. 이것은 매우 복잡하고 어려운 방법에 의해서만 가능하다. 그래서 이 옆면의 근사값만을 아는 데 이르렀고, 이 분야의 문제는 <원론>의 영역이 아니다.

밑면과 높이가 각각 같은 원기둥은 부피가 같다.

직원기둥이든 빗원기둥이든 그 부피를 구하는 것보다 더 쉬운 일은 없다. 왜냐하면 원기둥을 그것에 내접시킬 수 있는 각기둥의 최종 것으로 본다면, 각기둥에 대해 말했던 모든 것이 원기둥에 적합할 것이 분명하기 때문이다.

따라서 밑면과 높이가 각각 같은 원기둥은 부피가 같다.

그리고 임의의 원기둥의 부피는 밑면과 높이의 곱이다.

원뿔은 밑면이 원인 일종의 각뿔이고, 직원뿔과 빗원뿔로 구분한다.

원뿔은 원기둥 다음으로 간단한 곡면체이다. 그것은 밑면이 원이고, 옆면이 모두 꼭짓점 A로부터 이 원주 BCDE에 이르는 무한개의 선분으로 이루어진 ABCDE(그림 62와 63) 같은 도형이다. 이 입체는 밑면이 원인 각뿔로 볼 수 있다.

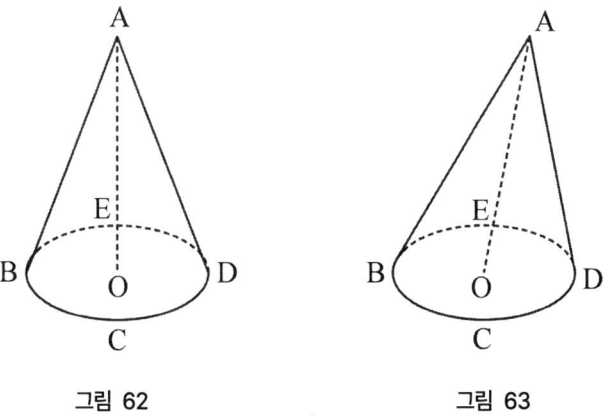

그림 62   그림 63

그림 62에서처럼 원뿔의 꼭짓점, 즉 정점 A가 밑면의 중심 O의 위쪽에 수직으로 대응하면, 그 원뿔을 직원뿔이라 한다. 그리고 그림 63에서와 같이 꼭짓점이 밑면의 중심이 아닌 다른 점에 대응하면 빗원뿔이라 한다.

직원뿔의 옆면은 모선[30]의 반과 밑면의 원주를 곱하여 측정된다.

직원뿔 ABCDE(그림 62)의 옆면을 측정하기 위해, 직원뿔을 그것에 내접시킬 수 있는 각뿔의 최종 것으로 볼 것이다. 즉 원기둥의 원주에 대해 했던 것과 마찬가지로, 밑면 BCDE의 원주를 무한개의 작은 변들로 나누고 모든 각으로부터 원뿔의 꼭짓점 A까지 선분을 그으면, 원뿔의 옆넓이는 높이가 원뿔의 모선 AB와 같고, 모든 밑변을 합하면 원주 BCDE와 같게 되는 무한개의 작은 이등변삼각형들의 모임이라는 것을 알게 된다. 이상으로부터, 이 옆넓이는 AB의 반과 원주 BCDE를 곱하여 구한다는 것을 쉽게 알 수 있다.

---

30) 원문에는 변, 모서리와 마찬가지로 côté라는 용어로 표현되어 있으나, 이 경우에는 모선을 의미한다.

원뿔의 전개도는 부채꼴이다.

이제 부채꼴의 넓이가 부채꼴의 호와 반지름의 반의 곱(제 3장 10절)과 같다는 것을 기억한다면, 마분지처럼 잘 휘어지는 면으로 직원뿔 ABCDE를 만들기 위해, 반지름이 AB와 같고, 호가 원주 BCDE와 같은 부채꼴을 잡으면 된다는 것을 알 수 있다.

빗원뿔일 때 그 옆넓이는 빗원기둥과 마찬가지로 근사적인 방법으로도 알기 매우 어렵다. 이것 역시 <원론>을 넘어서는 문제이다.

밑면과 높이가 각각 같은 원뿔은 부피가 같다.

직원뿔이든 빗원뿔이든 원뿔의 부피에 관해서는, 원뿔을 그것에 내접시킬 수 있는 각뿔의 최종 것으로 볼 것이고 결과적으로 각뿔에 대해 일반적으로 말했던 것을 원뿔에 적용할 수 있다.

따라서 밑면과 높이가 각각 같은 원뿔은 부피가 같다.

그리고 임의의 원뿔의 부피는 밑면과 높이의 $\frac{1}{3}$의 곱이다.

원뿔대라 불리는 BCDEFGH(그림 64와 65)와 같은 입체를 측정할 필요가 있다. 이것은 원뿔 AFGH로부터 밑면 FGH에 평행인 단면으로 더 작은 원뿔 ABCDE를 잘라낼 때 남는 부분이다. 이 입체의 부피는 두 원뿔 ABCDE와 AFGH의 부피의 차인 것이 분명하다.

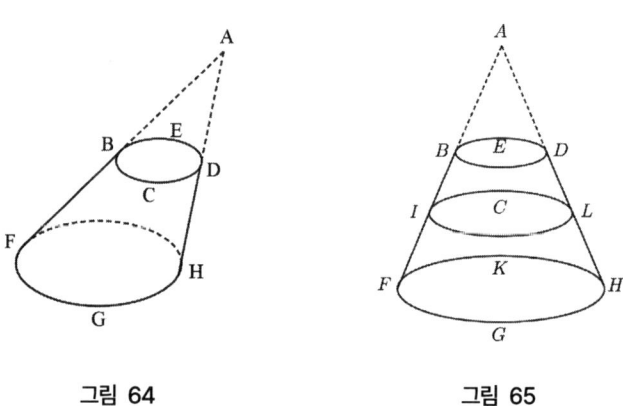

그림 64   그림 65

원뿔대의 옆면을 측정하는 방법

원뿔대의 옆면에 대해서는, 그것이 직원뿔을 잘라서 생긴 것이라면 두 원뿔의 옆면을 각각 측정하여 빼는 것보다 더 간단한 방법을 찾을 수 있다. 이를 위해, 우리가 말했던 것(54절)에 따라, 생각하기 쉬운 다음의 방법을 이용할 것이다.

ALR(그림 66)을 원뿔 AFGH를 만들기 위해 작도해야 하는 부채꼴이라 하자. 중심 A 및 AB와 같은 구간 AM으로 호 MP를 그리면, 도형 MPRL은 구하는 원뿔대의 옆면을 만들기에 적합한 환형의 부분임이 분명하다. 그런데 MP와 LR이 닮은 호가 되는 두 원주가 완성되는 것을 상상하면, 완전한 환형을 갖게 되어 그 넓이(제3장 8절)는 BF와 같은 ML과 AN(N은 ML의 중점)이 반지름인 원주의 곱이다. 따라서 환형의 부분 MPRL, 또는 그와 같은 원뿔대의 옆면 BCDEFGH는 ML과 호 NQ를 곱하여 측정한다. 또는 달리 말하여, 모선 BF의 중점 I를 지나면서, 밑면에 평행인 평면에 의해 생기는 입체의 단면이 주는 원주 IKL을 BF와 곱하면 된다.

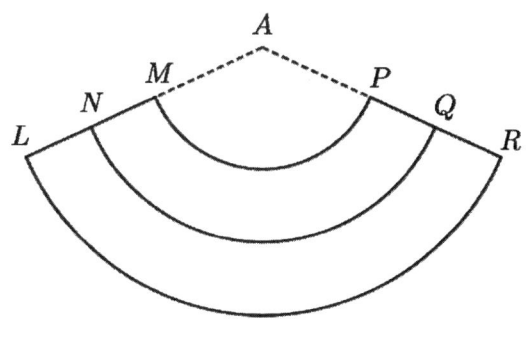

그림 66

구는 표면이 중심으로부터 같은 거리에 있는 모든 점으로 이루어진 입체이다.

우리가 다룰 마지막 입체는 구 또는 공이라 불리는 것이다. 이것은 표면이 중심이 되는 점으로부터 같은 거리에 있는 모든 점으로 이루어진 것이다. 종종 이 표면을 측정할 필요가 있다. 예를 들어 공을 도금하는 데 필요한 양, 돔을 덮기 위해 납판이 얼마나 있어야 하는지 등을 알고자 할 때이다.

구 X(그림 67)의 겉넓이를 구한다고 하자. 분명히 이 입체는 반원 AMB를 그 지름 AB 둘레로 회전시켜 만든 것으로 생각할 수 있다.

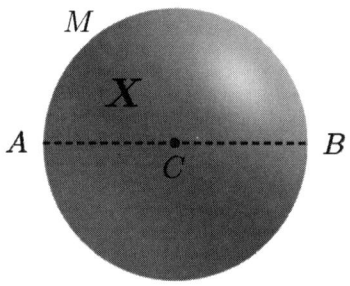

그림 67

우선 반 원주 대신에 무한개의 작은 변 또는 원한다면 매우 많은 변으로 된 정다각형이 있다고 가정하자. 그리고 단지 이 다각형을 회전시켜 생긴 표면 Z(그림 68)를 측정하기로 하자. 그 다음 이 표면의 측정으로부터 구의 표면의 측정으로 넘어가는 것은, 우리가 다각형의 측정에서 원의 측정으로 넘어갔던 것처럼 쉬운 일이다.

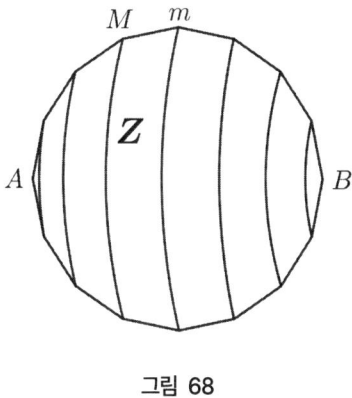

그림 68

입체의 표면 Z를 측정하기 위해, 내접다각형의 임의의 한 변 Mm이 지름 AB 둘레로 도는 동안 만드는 이 표면의 작은 부분을 생각해보자. 이 회전으로 변 Mm은 원뿔대의 옆면 V(그림 69)를 그리는 것이 분명하다. 왜냐하면 선분 Mm을 지름, 즉 회전축 AB와 T에서 만날 때까지 연장하여, 이 선분 TMm이 반원 AMB와 같은 동안 돈다면, 분명히 그 선분은 꼭짓점이 T이고 밑면이 점 m이 그리는 원인 직원뿔을 그릴 것이고, 결과적으로 Mm의 회전으로 생긴 표면 V는 점 M과 m이 돌면서 그리는 원의 평면 사이에 갇히는 이 원뿔의 잘린 부분이기 때문이다. 그러나 우리가 본 것(59절)에 따르면, 표면 V의 넓이는 Mm이 높이이고 Mm의 중점 K에 의해 그려진 원주 KLO와 같은 선분이 밑변인 직사각형과 같다. 따라서

입체와 그 표면을 측정하는 방법 | 193

다각형의 회전에 의해 만들어지는 표면은 Mm 같이 이 다각형에 있는 변만큼 이런 성질의 직사각형들의 합과 같다.

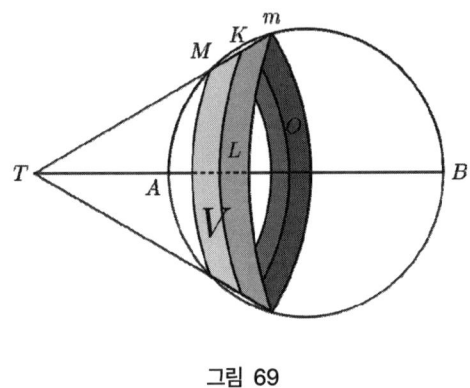

그림 69

그런데 이 직사각형들의 높이인 변 Mm이 모두 같다고 가정했으므로, 구하는 표면은 KLO과 같이 각각의 작은 변의 중점이 그리는 모든 원주의 합과 같은 밑변과 높이 Mm을 갖는 전체 직사각형으로 볼 수 있다.

그러나 반원 AMB에 내접하는 다각형이 아주 많은 변을 갖는다면, 높이 Mm은 작고 밑변은 지나치게 커서 이 직사각형을 작도 불가능하게 만든다.

이 불편함을 개선하기 위해, 이 작은 직사각형들을 모두 Mm처럼 지각 가능하고 각각의 밑변이 대단히 작아질 정도로 충분히 큰, 항상 같은 높이를 갖는 다른 직사각형으로 바꾸는 것을 상상하는 것은 매우 쉽다. 그렇게 함으로써, 이 작은 밑변의 총합은 높이에 견줄만한 길이에 불과하게 될 것이다.

그러면 작은 직사각형들을 이와 같이 바꿀 수 있는지 알아보자. 우선 문제를 단순화하기 위해 직사각형들이 원주 KLO와 같은 선분을 밑변으로 하는 대신에 이 원주의 반지름 KI(그림 70)를 밑변으로 한다고 가정하자. 그 다음 앞의 직사각형에 대해 발견한 것을 우리가 지금 다루고자 하는 직사각형에 적용하는 것은 어렵지 않을 것이다.

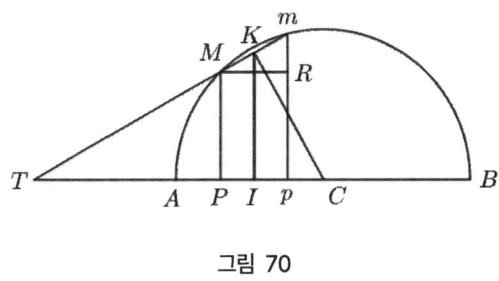

그림 70

따라서 넓이가 Mm과 KI의 곱이고, Mm보다 굉장히 더 크고 이 작은 변 Mm이 위치한 어떤 지점에서도 같은 어떤 큰 선분을 높이로 하는 직사각형을 찾는 것이 문제이다. 예를 들어 Mm이 변인 다각형의 변심거리, 그래서 결과적으로 그 다각형의 어느 변에서든 항상 같은 선분 CK를 선택하자. 이제 CK와 곱하여 KI와 Mm의 곱과 같게 되는 선분을 찾아야 한다. 다시 말해, 세 선분 KC, KI, Mm에 비례하는 넷째 선분을 찾아야 한다(제2장 7절). 그런데 우리는 도형에서 비례하는 선분을 발견하기 위해 바로 닮은 삼각형을 이용한다는 것을 안다. 따라서 문제의 선분들을 대응변으로 갖는 닮은 삼각형을 만들어야 한다. mp에 수선

MR을 내리면 된다. 그러면 닮은 삼각형 MmR, KCI를 갖게 된다. 왜냐하면 하나는 R에서, 다른 하나는 I에서 각각 직각이고, 게다가 각 mMR은 MKI와 같은 각 MmR과 함께 직각을 이루고 각 CKI 역시 MKI와 함께 직각을 이루므로, 각 mMR과 CKI가 서로 같기 때문이다.

이상으로부터 KC 대 KI는 Mm 대 MR과 같다, 즉 MR이 비례하는 넷째 선분이다, 또는 달리 표현하여 KC와 MR 또는 Pp에 의한 직사각형은 Mm과 KI에 의한 직사각형과 같다는 것을 쉽게 결론 내릴 수 있다.

그러나 우리가 처음에 바꾸고자 했던 직사각형은 Mm과 KI에 의한 것이 아니라 Mm과 KI가 반지름인 원주에 의한 것이었기 때문에, 여기서 원주가 반지름에 비례함을 상기할 것이다. 그러므로, Mm과 KI에 의한 직사각형과 Pp와 CK에 의한 직사각형 사이의 상등은 필연적으로 Mm과 KI의 원주에 의한 직사각형과 Pp와 CK의 원주에 의한 직사각형의 상등으로 이어진다. 왜냐하면 두 직사각형의 넓이가 같은데, 각각의 높이를 보존하면서 밑변을 비례적으로 증가시킨다면, 이 직사각형들은 여전히 넓이가 같다는 것을 쉽게 느낄 수 있기 때문이다.

앞의 두 절에서 V(그림 69)와 같은 작은 원뿔대의 옆면들은, 모두 반지름 KC의 원주와 같은 동일 선분을 높이로 하고, 각각이 변 Mm에 대응하는 작은 선분 Pp를 밑변으로 하는 직사각형들과 넓이가 같음을 발견함으로써, 그로부터 이 작은 옆면들의 임의의 합, 예컨대 A에서 p까지 합한 것은 CK의 원주와 같은 선분을 높이로 하고, A에서 p까지 잡은 Pp 같은 모든 선분들의 합, 즉 선분 Ap를 밑변으로 하는 직사각형과 같음을 연역해낸다.

따라서 완전한 다각형을 회전시켜 생기는 전체 표면을 갖기 위해서, 밑변이 반지름 CK로 그려진 원주와 같고, 높이가 지름 AB와 같은 직사각형을 만들어야 한다.

구의 겉넓이는 지름과 대원의 둘레의 곱이다.

이제 구의 표면을 측정하는 것은 매우 쉬운 일이다. 다각형의 변이 많아질수록 다각형이 회전하여 생기는 입체는 구에 점점 근접하며, 변심거리 CK 역시 반지름에 점점 근접하는 것이 분명하다. 따라서 다각형이 원이 되는 것을 상상할 수 있다면 변심거리 CK는 반지름 그 자체이고, 구의 겉넓이는 지름과 구를 만드는 원(보통 구의 대원이라 불림)의 둘레와 같은 선분을 높이와 밑변으로 하는 직사각형의 넓이와 같다.

구의 활꼴의 표면을 측정하는 방법

구를 지름에 수직인 평면 MLNO로 잘라낸 부분인 구의 활꼴 AMLNO의 곡면(그림 71)은 두께 또는 높이 AP와 대원 AMBN의 둘레의 곱을 측도로 한다. 그 이유는 A에서 m까지(그림 70) 포함된 모든 작은 원뿔대의 옆면의 합이 높이는 Ap, 밑변은 CK가 반지름인 원주와 같은 선분인 직사각형과 같다는 것을 증명(64절)했던 것과 동일하다.

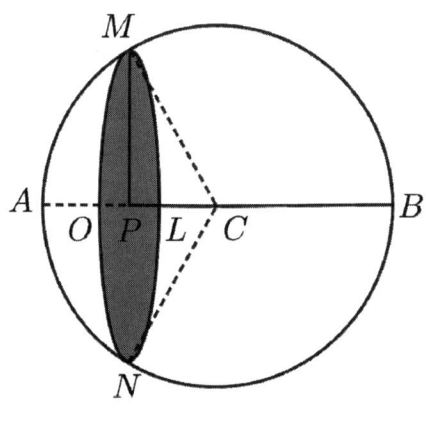

그림 71

구의 겉넓이는 외접하는 원기둥의 옆넓이와 같다.

구의 표면에 대한 앞의 측도는 직사각형 ABDE를 AB 둘레로 반원 AMNB와 같은 동안 돌게 하면, 이 직사각형의 회전에 의해 생기는 직원기둥 EFGIKD(그림 72)의 곡면이 반원에 의해 그려지는 구의 곡면과 같다는 것을 알려준다. 이것을 보통 다음과 같이 표현한다. 구의 겉넓이는 외접하는 원기둥의 옆넓이와 같다.

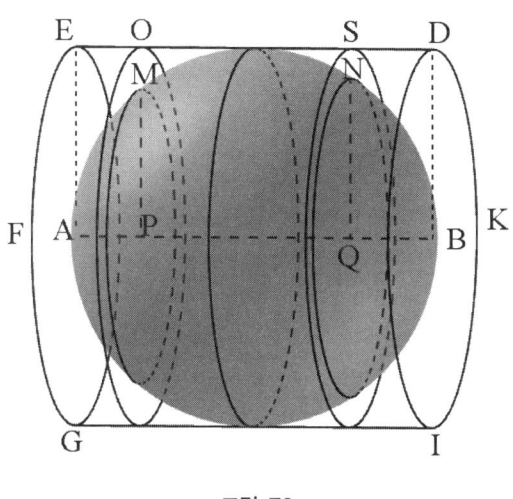

그림 72

원기둥과 구의 잘린 부분들은 옆넓이가 같다.

그리고 원기둥도, 구도 지름 AB에 수직인 임의의 두 평면으로 P와 Q에서 자른다면, 선분 OS의 회전에 의한 원기둥의 부분과 호 MN의 회전에 의한 구의 부분은 옆넓이가 같다.

구의 겉넓이는 대원의 넓이의 4배와 같다.

또한 앞에 나온 것에 의해 구의 겉넓이는 그 대원의 넓이의 4배와 같음을 알 수 있다. 왜냐하면, 이 대원의 넓이는 반지름의 반, 즉 지름의 $\frac{1}{4}$과 원주의 곱이고 구의 겉넓이는 같은 원주와 지름 전체의 곱이기 때문이다.

구의 부피는 반지름의 $\frac{1}{3}$과 대원의 넓이의 4배의 곱이다.

구의 겉넓이를 구하였으므로, 그 부피를 측정하는 것은 매우 쉽다. 왜냐하면 구를 꼭짓점이 구의 중심에 있고 모든 밑면이 합하여 구의 표면 전체를 덮는 무한개의 작은 각뿔의 모임으로 간주할 수 있기 때문이다. 그런데 이 각뿔 각각의 부피는 높이인 반지름의 $\frac{1}{3}$과 밑면의 곱이기 때문에, 그것들의 전체 합, 즉 구의 부피는 반지름의 $\frac{1}{3}$과 그 겉넓이, 즉 대원의 넓이의 4배의 곱과 같다.

구의 부피는 외접하는 원기둥의 부피의 $\frac{2}{3}$이다.

반지름의 $\frac{1}{3}$과 대원의 4배의 곱은 반지름의 $\frac{1}{3}$의 4배, 즉 지름의 $\frac{2}{3}$와 대원의 곱과 같은 것이고, 원기둥 EFGIKD의 부피는 지름과 밑면이 되는 동일한 대원의 곱이기 때문에, 결과적으로 구의 부피는 외접하는 원기둥의 부피의 $\frac{2}{3}$이다.

구의 활꼴의 부피 측정

구의 활꼴 AMLNO(그림 71)의 부피를 측정하고자 하면, 우선 부채꼴 CAM의 회전에 의해 생기는 구의 부분을 측정해야 한다. 이것은 반지름의 $\frac{1}{3}$과 주어진 구의 활꼴 AMLNO의 곡면을 곱하면 된다. 그 다음 이 곱으로부터 삼각형 CPM의 회전으로 생긴 원뿔, 즉 밑면이 원 MLNO이고 높이가 CP인 원뿔의 부피를 뺀다. 그 나머지가 구하는 활꼴의 부피이다.

평면으로 둘러싸인 두 입체의 닮음은 어떤 것인가.

우리는 닮은 입체의 부피와 겉넓이에 대한 몇 가지 명제로 이 책을 마칠 것이다. 이 명제들은 두 입체의 닮음을 이루는 것에 대해 생각할 때 아주 자연스럽게 나타난다. 평면 도형, 즉 평면 위에 그려진 도형의 닮음에 대해 말했던 것(제 1장 34절 이하)을 기억한다면 유추에 의해 그 명제들을 발견하지 못할 수 없을 것이다.

우리는 두 각뿔의 닮음이 어떤 것인지 결정하였다(32절). 그때 닮은 각뿔에 대해 했던 정의는 평면으로 둘러싸인 모든 입체로 확장될 수 있다. 즉 두 입체 중 하나의 모서리가 만드는 모든 각이 다른 하나의 모서리가 만드는 각과 같고, 하나의 모서리가 다른 것의 대응 모서리에 비례한다면, 이런 성질의 두 입체를 닮음이라 한다.

두 직원기둥의 닮음을 결정하는 조건

평면으로만 둘러싸이지는 않은 입체, 예컨대 원기둥과 원뿔에 관하여 닮음이 되기 위해 필요한 조건을 결정하는 것은 역시 쉬운 일이다.

두 직원기둥은 높이의 비가 밑면의 반지름의 비와 같다면 닮음이다.

빗원기둥이라면, 덧붙여 원기둥 각각에서 두 원의 중심을 잇는 직선이 밑면의 평면에 대해 이루는 각이 같아야 한다.

원기둥의 두 밑면의 중심을 지나는 직선 대신에 원뿔의 꼭짓점으로부터 밑면이 되는 원의 중심에 이르는 직선을 생각한다면 동일한 정의가 원뿔에 적용될 수 있다.

두 원뿔대가 닮음이기 위해, 첫째 그것이 부분이 되는 두 원뿔이 서로 닮음이어야 한다. 그리고 둘째, 그 높이의 비가 밑면의 반지름의 비와 같아야 한다.

구, 정육면체, 그리고 단 한 개 선분에만 의존하는 모든 도형은 모두 닮음이다.

구에 관해서는, 원, 정사각형, 정삼각형, 정육면체, 구에 외접하는 원기둥 등과 같이 입체도형이든, 평면도형이든 결정하는 데 단 한 개의 선분만을 필요로 하는 모든 도형과 마찬가지로, 그것은 모두 서로 닮음임을 잘 알 수 있다.

일반적으로 닮은 평면도형에 대해 그것을 그리는 척도에 의해서만 구별된다고 말했던 것처럼 닮은 입체도형에 대해 말할 수 있다.

이 설명을 잘만 고려하면 닮은 입체의 겉넓이와 부피에 대한 기본적인 두 가지 명제를 유도할 수 있다.

> 닮은 입체의 겉넓이의 비는 대응 모서리의 정사각형의 비와 같다.

첫째 명제는 두 닮은 입체의 겉넓이가 대응 모서리의 정사각형과 같은 비라는 것을 알려준다. 예를 들어 두 닮은 각뿔 z와 Z(그림 73과 74)의 겉넓이의 비는 이 두 각뿔에서 서로 대응하는 모서리 ab와 AB를 각각 한 변으로 하는 정사각형 abcd와 ABCD의 비와 같다.

이 명제를 발견하기 위해, 단지 우리가 이용했던(제1장 43, 44절) 추론만이 필요하다. 즉 P가 각뿔 Z의 척도이고 p가 닮은 각뿔 z의 척도라면, Z의 겉넓이와 정사각형 ABCD의 넓이를 측정하기 위해 이용해야 할 선분들이, z의 겉넓이와 정사각형 abcd의 넓이를 측정하기 위해 이용해야 하는 선분들에 부분 p가 있는 만큼 같은 개수의 P를 갖는다는 것을 고려하기만 하면 된다.

왜냐하면 결과적으로 Z와 ABCD의 측정에 개입하는 선분들의 곱은, z와 abcd를 측정하는 데 이용되는 선분들의 곱이 p 위에 만들어지는 정사각형 x를 주는 만큼, P 위에서 만들어지는 같은 수의 X를 주기 때문이다. 다시 말해, 정사각형 ABCD에 대한 Z의 겉넓이의 비를 나타내는 수는 정사각형 abcd에 대한 z의 겉넓이의 비를 나타내는 수와 같다.

평면으로 둘러싸인 것이든, 곡면으로 둘러싸인 것이든 다른 모든 닮은 입체와 비교하여 동일한 추론을 할 수 있다. 왜냐하면 이 모든 입체의 겉넓이를 측정하는 데 이용되는 선분들은 그 척도의 부분들을 항상 같은 수만큼 갖고, 결과적으로 이 선분들의 곱은 이 부분들의 정사각형을 같은 수만큼 포함하기 때문이다.

    그리고 닮은 입체의 겉넓이를 측정하기 위해 필요한 선분들이 통약불가능할지라도, 변들이 통약불가능한 닮은 도형을 비교하기 위해 이용했던(제2장 28절) 원리를 적용하기만 한다면 증명은 항상 유지될 것이 분명하다.

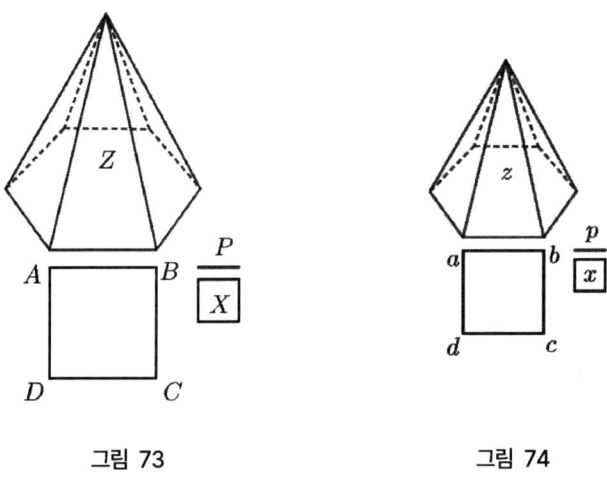

그림 73   그림 74

구의 겉넓이의 비는 반지름의 정사각형의 비와 같다.

같은 방법으로, 구의 겉넓이의 비가 그 반지름의 정사각형의 비와 같다는 것을 증명할 수 있다. 그러나 그것을 다른 방법으로 더욱 명료하게 다시 보기 위해, 원의 넓이의 비가 그 반지름의 정사각형의 비와 같고(제3장 6절), 구의 겉넓이는 그 대원의 4배(69절)라는 것을 상기하는 것으로 충분하다.

닮은 입체의 겉넓이와 그 대응 모서리의 정사각형 사이의 비례 관계는 매우 일반적이라서 측도를 아는 입체와 마찬가지로 측정할 줄 모르는 입체에도 똑같이 적용된다.

예를 들어 빗원기둥의 겉넓이를 측정하는 방법을 몰라도, 닮은 두 빗원기둥의 겉넓이의 비가 이 원기둥의 밑면의 지름의 정사각형의 비와 같음을 확증할 수 있다. 왜냐하면 이 두 원기둥 안에 원하는 만큼의 면을 갖는 두 닮은 각기둥을 내접시킴으로써, 앞에 나온 것에 의해 이 두 각기둥의 겉넓이의 비는 밑면의 지름의 정사각형의 비와 같음을 알 수 있다. 따라서 원기둥을 내접하는 각기둥의 최종 것으로 간주한다면, 같은 비의 겉넓이를 갖게 된다.

> 닮은 입체의 부피비는 대응 모서리의 정육면체의 비와 같다.

닮은 입체의 부피를 비교하기 위한 기본 명제는 다음과 같다.

닮은 입체의 부피비는 대응 모서리의 정육면체의 비와 같다.

이 명제는 앞에서처럼 닮은 도형이 그것을 그리는 척도에 의해서만 구별된다는 것을 고려함으로써 증명될 수 있다.

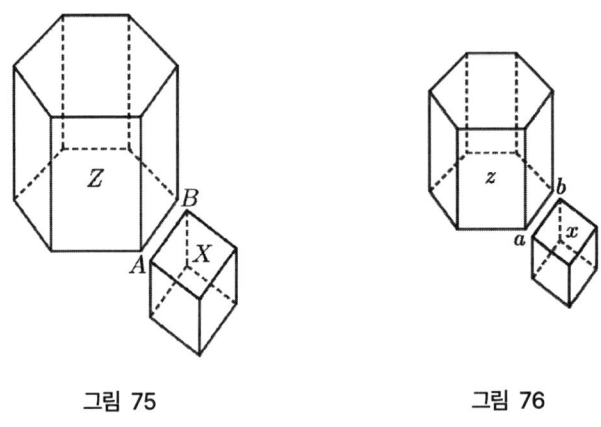

그림 75   그림 76

가능한 한 가장 간단하게 보이기 위해, 우리는 예컨대 두 닮은 각기둥 Z와 z(그림 75와 76), 그리고 이 두 각기둥에서 대응 선분인 AB, ab를 모서리로 하는 두 정육면체 X와 x를 이용할 것이다. 더욱이 두 척도 AB, ab를 이 입체들의 치수를 측정할 수 있기 위해 충분히 많은 부분들로 나누어진 것으로 간주할 것이다. 그런데 그렇게 가정한다면, AB의 부분들 위에 만들어지는 정육면체가 각기둥 Z와 정육면체 X에 있는 만큼, 마찬가지로 ab의 부분들 위에 만들어지는 정육면체가 각기둥 z와 정육면체 x에 있는 것이 분명하다.

모든 다른 입체에 대해서 동일한 추론을 할 수 있다. 그리고 통약불가능한 치수를 갖는 입체 역시 그 대응 모서리의 정육면체와 같은 비가 성립한다.

예를 들어 구의 부피비는 분명히 반지름의 정육면체의 비와 같다.